专用于国家职业技能鉴定

国家职业资格培训教程

铀浓缩生产准备工

（初级技能　中级技能　高级技能）

中国核工业集团有限公司人力资源部
中国原子能工业有限公司
组织编写

中国原子能出版社

图书在版编目(CIP)数据

铀浓缩生产准备工. 初级技能、中级技能、高级技能 / 中国核工业集团有限公司人力资源部,中国原子能工业有限公司组织编写. —北京:中国原子能出版社, 2019.12

国家职业资格培训教程

ISBN 978-7-5221-0409-6

Ⅰ. ①铀… Ⅱ. ①中…②中… Ⅲ. ①铀浓缩物-生产准备-技术培训-教材 Ⅳ. ①TL212.3

中国版本图书馆 CIP 数据核字(2019)第 299212 号

铀浓缩生产准备工(初级技能　中级技能　高级技能)

出版发行 中国原子能出版社(北京市海淀区阜成路 43 号　100048)
责任编辑 肖　萍
装帧设计 赵　杰
责任校对 冯莲凤
责任印制 潘玉玲
印　　刷 保定市中画美凯印刷有限公司
经　　销 全国新华书店
开　　本 787 mm×1092 mm　1/16
印　　张 7.25
字　　数 181 千字
版　　次 2019 年 12 月第 1 版　2019 年 12 月第 1 次印刷
书　　号 ISBN 978-7-5221-0409-6　　**定　价　42.00 元**

网址:http://www.aep.com.cn　　**E-mail:atomep123@126.com**
发行电话:010-68452845

国家职业资格培训教程

铀浓缩生产准备工
（初级技能　中级技能　高级技能）

编审委员会

主　编　孙忠林

编　者　陈聚才　韩晓林　张　勇　刘克敏

主　审　邱　兵

审　者　艾于琛　郝继征　金晓东　马鸿恩
刘亚平　杨丽军

前　　言

为推动核行业特有职业技能培训和职业技能鉴定工作的开展，在核行业特有职业从业人员中推行国家职业资格证书制度，在人力资源和社会保障部的指导下，中国核工业集团有限公司人力资源部组织有关专家编写了《国家职业资格培训教程——铀浓缩生产准备工》（以下简称《教程》）。

《教程》以国家职业标准为依据，内容上力求体现“以职业活动为导向，以职业技能为核心”的指导思想，紧密结合实际工作需要，注重突出职业培训特色；结构上针对本职业的职业活动的领域，按照模块化的方式，分为初级、中级、高级、技师、高级技师五个等级进行编写的。《教程》中的章对应于职业标准的“职业功能”，节对应“工作内容”；每节包括“学习目标”“生产准备”“工艺操作”及“自检”等单元，涵盖了职业标准中的“技能要求”和“相关知识”的基本内容。此外，针对职业标准中的“基本要求”，还专门编写了《铀浓缩生产准备工（基础知识）》一书，内容涉及：职业道德、专业基础知识、安全文明生产与环境保护知识、质量管理知识和相关法律、法规知识等。

《教程》适用于铀浓缩生产准备工的初级、中级、高级、技师、高级技师培训，是铀浓缩生产准备工职业技能鉴定的指定辅导用书。

《教程》由孙忠林、陈聚才、韩晓林、张勇、刘克敏等编写，由邱兵、艾于琛、郝继征、金晓东、马鸿恩、刘亚平、杨丽军审核。中核兰州铀浓缩有限公司承担了本《教程》的编写工作。编写过程中也得到了中核陕西铀浓缩有限公司和四川红华实业有限公司等相关单位的大力支持。

由于编者水平有限，时间仓促，加之科学技术的发展，教材中不足与错误之处在所难免，欢迎提出宝贵意见和建议。

中国核工业集团有限公司人力资源部

中国原子能工业有限公司

目　　录

第一部分　铀浓缩生产准备初级技能

第二部分　铀浓缩生产准备中级技能

第三部分　铀浓缩生产准备高级技能

第一部分　铀浓缩生产准备初级技能

第一章　铀浓缩生产准备工艺

第一节　供取料工艺

学习目标：通过学习，使学员掌握供取料厂房作用和结构，熟悉供料系统、精料系统、贫料系统用途、结构。

一、供取料厂房

（以中核兰州铀浓缩有限公司离心工程供取料厂房为例）

1. 概述

六氟化铀作为工作介质供入到分离机器或分离级联中，称为供料，相应的工艺技术称为供料工艺技术。六氟化铀作为工作介质供入到分离机器或分离级联中被分离后，其中轻同位素（主要指^{235}U）被浓缩而重同位素（^{238}U）减少的物流，在铀浓缩厂被称为精料，就是铀浓缩工厂的产品；相应地，六氟化铀作为工艺介质供入到分离机器或分离级联中被分离后，其中轻同位素（主要指^{235}U）含量减少的物流，在铀浓缩厂被称为贫料。国际上将^{235}U含量小于5%的浓缩铀产品，称为低浓铀，可用作核电站反应堆燃料。向分离级联供料和从分离级联取出产品和贫料（尾料）的厂房，在我国铀浓缩厂被称为供取料厂房，俄罗斯称为“КИУ”工作间。

铀浓缩工厂的供精贫工艺过程也就是在一定的压力和温度条件下，用特定的容器、工艺装置以及辅助设施通过蒸发、凝华、液化、凝固等物理变化过程，实现六氟化铀的气态、液态、固态的相变。在铀浓缩工厂的供料工艺技术上，国内的扩散工厂（中核兰州铀浓缩有限公司、四川红华实业有限公司），采用320 L横隔板容器通过感应加热的方式进行供料；俄罗斯离心工厂采用的是2.5 m^3无隔板容器也通过感应加热方式供料。欧美各国的铀浓缩工厂，如欧洲铀浓缩公司（URENCO）各工厂，美国的朴茨茅斯工厂等，大多采用30型或48型卧式容器。加热方式有蒸汽箱、压热罐等。蒸汽箱曾在URENCO的英国卡本赫斯特（CAPENHURST）的E-22工厂中采用（20世纪80年代），工作时将容器放入蒸汽箱中，通入蒸汽直接对容器加热。蒸汽加热温度恒定，加热效率高，能耗低，易控制。但容器暴露于蒸汽中，易受凝水侵蚀。一旦容器或连接管件破损，事故处理比较困难。国内外铀浓缩工厂的取料（取精料、贫料）工艺方式概括起来有三种类型：冷冻容器（低温）取料，冷升器周转取料，加压取料。通常是低温和加压两种取料工艺方式的综合利用。冷冻容器(低温)取料是早期的也是基础的取料工艺方式，目前许多工厂仍然在应用，其他的各种取料方式或取料技术都是立足于冷冻容器(低温)取料之上。冷冻温度越低，则六氟化铀在容器中冷凝所需的压力就较低，甚至无须补压设施，就可保证物料被完全冷凝。但是，温度越低，对运行设备的性能和材料的要求也越高，能耗较高，系统庞大，而且运行周转时间长，操作不够灵活，而且由于载冷剂的原因，存在核临界安全问题和腐蚀问题。相对于冷冻容器的特点和不足，冷升器和加压取料技术得到了开发和应用。冷升器取料也是一种比较先进的取料方式，其工作原理是，用同一装置在低温和高温工作时用不同或相同的工作介质实现低温收料和高温物料转移，冷升器取料也没有脱离冷冻容器取料的范畴。欧洲 URENCO 在英国 CAPENHURST 的 E-22 工厂，在 20 世纪 80 年代曾经使用冷升器取料，后来采用加压取料技术代替冷升器取料。中核陕西铀浓缩有限公司的供料净化、精料和贫料的取料曾采用冷升器技术。目前，加压取料被认为是比较先进的取料工艺技术，并且各种加压设备的性能、制造、运行维护技术日趋成熟，加压取料技术在国际上的应用也越来越广泛。

2. 供取料厂房布局

供取料厂房基本为南北走向的长方形建筑。东侧与级联大厅(01 厂房)紧接，离心级联的供、精、贫料管线由东侧进入本厂房。南端接 04 控制室，是 01 厂房和供取料厂房工艺的控制中心。北端是进风机房、工艺值班区、容器运输通道和低压配电室。

供取料厂房分主、辅工艺大厅，东西分隔。东边是主工艺大厅，即供、取料大厅，长 90 m，宽 27 m。其东侧设有宽 6 m，标高 +4.00 m 的钢平台，平台上是 5 个供料单元的保温箱，平台下是 10 台供料压热罐和过滤器等设备。平台对面，大厅西侧是标高为 −3.70 m 的地下室。布置了精、贫料装置和供料净化装置的管线，主要容器及其盐水冷却迪瓦瓶和盐水管线。西侧南端地面上设置了精料和贫料的补压机组。大厅中部至北端大门是容器运输通道，加压取贫料预留场地和大容器存放场地。大厅内设有 20/5 t 两台桥式吊车，跨度 19.5 m，轨顶标高 +6.77 m。

西边的辅助工艺大厅长 69 m，宽 15 m。其北边布置了低温盐水制冷系统和冷水制冷系统，包括在地面上的盐水机组、冷水机组和在标高为 −4.80 m 的地坑中的盐水箱、盐水泵、冷水箱及水泵等。南边是工艺真空系统的 50 L 容器、20 L 凝冻器、空气缓冲罐和真空机组等设备及管线。设 3 t 单梁吊车一台。辅助工艺大厅南接排风机房，剂量间和 UPS 不间断供电电源间。北接送风机房。

供取料厂房总长 103.18 m，宽 42.5 m。

3. 供取料厂房的作用

供精贫工艺是构成铀浓缩工厂分离级联的不可缺少的组成部分，没有供取料，分离级联除了封闭运行外不可能进行正常生产。级联的供取料一般是集中在供取料厂房完成的，供取料厂房的作用主要在以下几方面：

1）连续不断地向级联供入合格的原料或进行附加供料；

2）连续不断地从级联端部或特定的工艺位置取出产品；

3）连续不断地从级联取出贫料；

4）连续不断地从级联取出轻杂质；

5）监测级联分离系统漏流的大小和性质，确保级联的正常运行和生产出合格产品；

6）进行不同浓度物料的分装和转移工作。

二、供取料厂房与级联大厅料流管道的接口参数

由于级联对本身的供取料有条件（压力、流量等）要求，所以供取料厂房与离心级联大厅料流管道有接口参数要求，对供料管道，取决于级联供料调节器前的参数要求和级联厂房的温度；对精料、贫料管道则取决于供取料厂房精、贫料的取料运行方式，供取料厂房的精料、贫料的取料参数对级联料流也有影响。当压力过高，则可能影响级联的稳定运行，甚至可能导致级联料流关闭，级联为保护离心机而自动泄料。如中核兰州铀浓缩有限公司离心工程，如果供取料厂房的贫料流压力高于离心级联 4＃料流的压力高限，则导致料流联锁关闭，生产停止。中核兰州铀浓缩有限公司离心工程供取料厂房供料、取料与离心级联料流管道的设计接口参数如表 1-1 所示。

表 1-1　供取料厂房供料、取料与离心级联料流管道的设计接口参数

MKK 管道	压　力		管　径/mm	流　量/(g/s)
	mmHg	kPa		
供料(1＃)	50～55	6.6～7.4	ϕ150	25～60
精料(3＃)	20～25	2.6～3.4	ϕ100	1～15
贫料(4＃)	30～35	4.0～4.6	ϕ150	20～50

三、供料系统

1. 供料系统的用途

一是对供给离心级联的原料进行净化，除去原料中的氟化氢、空气等轻杂质。确保供料轻杂质的含量符合技术标准的要求。

二是将六氟化铀原料加热蒸发，以规定的压力和恒定的流量连续不断地向离心级联供料。

2. 供料装置的结构

供料系统包括供料装置、供料净化装置和事故卸料系统三大部分。

1）供料装置由 5 个供料单元和 2 根供料总干管等组成。每个供料单元包括 2 台压热罐（FY），2 台供料过滤器（FL），1 根供料分干管和 1 台保温箱（FB）。其中№1、2 供料单元的压热罐是 48X 型，可安装 48X 容器；№3～5 供料单元的压热罐是 48Y 型，可安装 48Y 容器或 48X 容器。

2）每台压热罐后连接一台供料过滤器，每个单元的 2 台压热罐、过滤器并联在 1 根分干管上。分干管与保温箱相连。每台保温箱中有一组控制供料和净化料流流程的电磁气动阀和手动角阀，一台控制供料总干管压力的气动调节阀和一组温度、压力控制仪表。

3）五个供料单元相互并联，与两根供料总干管（FG）相连，向离心级联供料。每个供料单元可单独向工艺回路供料或与工艺回路断开，也可以由 2 个或数个单元同时向工艺回路供料。2 根供料总干管可以同时运行或一根运行，另一根备用。

3. 供料装置的设备

供料装置还设有氮气线，干压缩空气线和各种自控仪表等设备。

4. 供料装置氮气管线作用

供料装置的氮气线经干管阀门 FN00M01 可与氮气蒸发器相连，用于对供料单元中阀门等设备检修、更换时的吹洗。

5. 供料装置干压缩空气作用

干压缩空气用于驱动电磁气动阀和气动调节阀。规定供气压力 0.6～0.8 MPa。干压缩空气由空压站供给，设有主线和备线 2 根干管，进入供取料厂房后汇合成 1 根干管。

四、精料系统

1. 精料系统的用途

将离心级联浓缩的 UF_6 产品，连续不断地冷凝收集到 740 L 产品容器内，并保证进入供取料厂房的精料干管压力在规定范围。

2. 精料系统的构成

精料系统由取料装置和净化、抽气部分组成。

1) 精料系统的取料装置由两根精料干管，两台并联的 OK-7 补压机、环形干管、15 个 740 L 迪瓦瓶、15 台 740 L 容器及支管组成。精料干管在 01 大厅与离心级联的№3 MKK 管道相连。

2) 环形干管分成 5 段，各段间用双阀断开，每段设 3 个 740 L 容器节点，称为一组。装置共有 5 组精料容器。

3) 每台容器进口连接管上，装有远控电动阀门(PRnnE01)和绝压变送器(0～30 kPa)，可以通过控制室和现场监测进口压力，并可发出压力超限报警信号。

4) 每个迪瓦瓶盐水回流管上装有铂热电阻温度计，可以通过控制室监测盐水出口温度。

5) 在补压机前后干管上各装有绝压变送器，以便在现场和控制室监测补压机前后的压力。在压力超限时可发出报警信号。另外，在补压机冷却水进口和出口干管上装有现场和远传温度计。

6) 精料净化、抽气部分由净化、抽气干管，再蒸发干管，5 台 50 L 容器，4 台 20 L 容器，2 台 1.5 m^3稳压空气大罐，2 台罗茨-滑阀泵真空机组和一组压力、温度监控仪表组成。

五、贫料系统

1. 贫料系统的用途

将经过离心级联贫化的 UF_6 物料，连续不断地冷凝收集到 2.5 m^3 贫料容器内，并保证离心级联贫料干管压力在规定范围。

2. 贫料系统的构成

1) 贫料系统由两根贫料干管、6 台 OK-7 补压机(每 2 台串联成 1 组，共 3 组并联)、环形干管、14 个 2.5 m^3 迪瓦瓶、14 台 2.5 m^3 容器及其连接支管组成；净化部分包括净化干管(WC)和与供料净化共用的 4 台 20 L 凝冻器，2 台真空机组。

2）贫料干管在 01 大厅外 2 米处与离心级联的№4MKK 管道相连。

3）环形干管分成 7 段，各段间用双阀断开，每段设 2 个 2.5 m^3 容器节点，称为一组，共有 7 组贫料容器。每个容器进口连接管上，装有 1 台远控电动阀门（WRnnE01）和 1 台绝压变送器（量程 0～60 kPa），可以通过控制室和现场监测容器进口压力，压力超限时发报警信号。

4）每个迪瓦瓶盐水溢流管上装有铂热电阻温度计，可以通过控制室监测盐水出口温度和迪瓦瓶冷冻情况。

5）在补压机节点前后两根贫料干管上各装有绝压变送器，可以在现场和控制室监测补压机前后的压力，并在压力超限时发出报警信号。在补压机冷却水进口和出口干管上装有现场和远传温度计。

6）从补压机出口到 2.5 m^3 容器入口的取料工艺管道上装有电伴加热，以防止贫料压力较高时，物料在管道内冷凝。电伴加热的温度传输到控制室 DCS，自动控制加热温度。

第二节　供精贫容器连接管真空测量

学习目标：通过学习，使学员掌握供精贫容器连接管真空测量操作要求。

一、供料容器的拆装和连接管的真空测量

1）供料容器在蒸发工作结束，与工艺回路断开，容器阀门关闭，容器温度降到室温后，从装置上拆下，装上新容器。

2）供料容器拆下前，须对其连接管进行破空吹洗。吹洗用吹洗小车和移动泵进行，或用本装置的净化、抽空系统进行。

3）吹洗小车上装有 1 台凝冻器、连接管和 1 台移动泵。使用前 2 h，将凝冻器投入冷冻，用移动泵将容器和连接管抽空到 100 Pa 以下，检查大漏合格（0/30 min）。移动泵排气接厂房局排系统。

4）检查关闭容器阀门，关闭连接管上 M01、M03 和过滤器前 M01 阀门；拆下连接管上 M03 阀门上的接头盲板，连接吹洗软管。用移动泵将软管抽空。

5）打开连接管上 M03，对连接管抽空到 100 Pa 以下。关闭吹洗小车上凝冻器进口阀门。

6）用吹洗小车连接管上的 $\Phi3$ 阀门对吹洗管段破空到大气后，关闭 $\Phi3$ 阀门。

7）打开凝冻器进、出口阀门，对连接管抽空到 100 Pa 以下，为吹洗 1 次。

8）重复 6）～7）条，反复吹洗 5 次为合格。关闭连接管上的 M03 阀门。

9）拆下已吹洗合格的供料容器连接管，容器阀门上堵头。空容器退出压热罐。安装新容器。

10）用吹洗小车对容器连接管抽空到 100 Pa 以下，关闭凝冻器进口阀门。用吹洗小车上的真空仪表对容器连接管进行真空测量 6 h，压力上升不大于 25 Pa 为合格。

11）关闭连接管上 M03 阀门，拆下吹洗软管，上盲板。

12）使用本装置的净化、抽空系统对供料容器连接管进行吹洗时，用 FY11M03 对连接管破空，抽空经过净化干管和抽气线进行。线路连接与供料容器室温净化相同，注意检查关闭供料容器本身阀，并将 1 m^3 容器旁通，关闭容器本身进、出口阀门，打开 FJ11M04。

二、精料容器连接管抽空和真空测量

(以中核兰州铀浓缩有限公司离心工程供取料厂房 PR21A 节点为例说明)

1) 线路连接:关闭所有不进行真空测量容器连接管 PRnnM03 阀门;关闭 PR21E01、M02、M03;打开 PR21M04、P05。

2) 检查 50 L、20 L 容器冷冻正常,启动 VB11A(或 VB12A)真空泵,运转正常后,打开真空泵进口 VB1nE01 电动阀门,打开 VB01M02、VB01P09;关闭 VB01M03、M04;打开 VP04M01;关闭空气大罐 VP31A、VP32A 的进、出口阀门;打开 20 L 容器支管 VP2nM02、M01、P03 和容器进、出口阀门;打开 VP03M02(或 M03)、VP03M01、P04;关闭 VP01M04;打开 50 L 容器支管 VP1nM03、M02、M01,VP1nP05 和容器进、出口阀门;关闭 VP1nM04、P06、P07;打开 VP01M03(或 M02)、VP01Q01、P05;关闭 VP02M01、02。打开 PR21M03 对连接管进行抽空。

3) 连接管抽空至 100 Pa 以下,关闭 PR21M03,待压力平衡后,关闭跨管 PR21M04 阀门,对连接管测量 6 h,压力上升不大于 25 Pa 为合格。

4) 对空容器,如果容器内压较高,在连接管抽空时,一并抽至 100 Pa 以下。对带料容器,未冷冻时不允许抽空。

三、贫料 2.5 m^3 容器连接管抽空和真空测量

(以中核兰州铀浓缩有限公司离心工程供取料厂房 WR21A 节点为例说明)

1) 线路连接:检查关闭不进行抽空容器出口连接管阀门 WRnnM03;关闭抽空测量容器连接管 WR21E01、M02、P06 阀门。打开跨接管阀 WR21M04 和仪表阀 WR21P05;连接抽空线路。

2) 检查 20 L 凝冻器冷冻正常;启动 VB13A(或 VB14A)真空泵,检查真空泵运转正常,检查打开 VB01M01。打开凝冻器进、出口及连接管阀门。检查打开 VF03M01、VF03M02(或 VF03M03),关闭 VF01M04 和供料净化 50 L 容器出口连接管 VF1nM03 阀门。

3) 打开 WR21M03,对连接管抽空至 100 Pa 以下。若 2.5 m^3 容器是新的空容器,内部为大气,则连同抽空到 100 Pa 以下,关闭 WR21M03 阀门。

4) 对 2.5 m^3 容器抽空,因抽气量较大,应使用 VB15A 滑阀泵。VB15A 启动后,打开 VB01M05、M06,停止 VB13A(或 VB14A)。

5) 贫料容器连接管真空测量 6 h,压力上升不大于 25 Pa 为合格;容器内压真空测量 24 h,压力不变为合格。

第三节　补压机

学习目标:通过学习,使学员掌握补压机结构、类型、主要性能参数。

一、概述

(以中核兰州铀浓缩有限公司离心工程为例说明)

补压机是压缩机的一种类型,用以输送气体或增压。将其称为补压机是铀同位素分离

工厂的工程用语。在扩散法分离铀同位素的工艺中，每个分离器配有两台压缩机，大量（数千台）地使用补压机（压缩机）主要用以提高经过分离膜后的气体压力。离心法分离铀同位素的工艺中，设置有区段补压机、MKK 料流补压机和取料补压机。区段补压机为每个区段一台，用以提高离心机中流出的精料压力，输送至下一级再分离。MKK 料流补压机设置于层架间精料流、贫料流和精料流上。层架间精料流上设置补压机，其目的是提高料流压力，以便通过调节器和流量孔板控制料流的流量，输送至下一级再分离；贫料流上补压机的作用是将贫料输送至取料厂房，并提高贫料压力；精料流补压机用于提高料流压力，以通过调节器和流量孔板控制精料取料量。取料补压机用于提高取料压力，使精料和贫料气体易于凝华在取料容器内。

1. 补压机类型及安装位置

离心法分离铀同位素工艺中所用补压机主要有 OK-19Π、OK-7/8、T-44 三种类型。其中 OK-19Π 型补压机主要用于机组区段、MKK 料流。区段补压机为每个区段一台。MKK 料流补压机设置于层架间精料流（5＃）及精料流（3＃）上。OK-7/8 为取料补压机，分为精料和贫料两种，其中精料补压机 2 台并联，在正常工作状态，1 台运行，1 台备用。贫料补压机 6 台，每 2 台串联成 1 组，共 3 组并联。T-44 型补压机主要用于 MKK 料流及卸料系统，MKK 料流补压机设置于层架间精料流（7＃、9＃）及贫料流（4＃）上。卸料系统补压机共有 15 台，分别为偶数卸料系统与奇数卸料系统各 4 台，备用卸料系统 7 台。

2. 补压机的主要性能参数及特性曲线

补压机在使用过程中经常用到下列三个参数：质量流量 G（kg/s）、体积流量 Q（m^3/s）、压缩比 α。

质量流量是指每秒流过补压机的气体质量，在压缩机内各处都是相等的；体积流量是指每秒流过补压机的气体体积，由于气体在压缩过程中压力逐步提高，而气体的质量一定，所以体积流量是逐步减小的，出口处的体积流量小于进口处的体积流量，通常所说体积流量是指进口处的体积流量。

压缩比 α 是指补压机出口压力与吸入压力的比值，α 与工作轮直径、装配间隙、电网频率、气体性质等诸多因素有关，也与管线阻力有关。对于一定的补压机，其 G、Q、α 相互之间有固定的关系。其关系是由补压机特性决定的，用一曲线来表示，称为“补压机特性曲线”，大致如图 1-1 所示。不同型号的补压机其特性曲线也不相同。补压机工作时其 G、Q、α 的值必须处于曲线的某一点上，而不会处于曲线外的任何一点上。补压机的主要性能参数如表 1-2 所示。

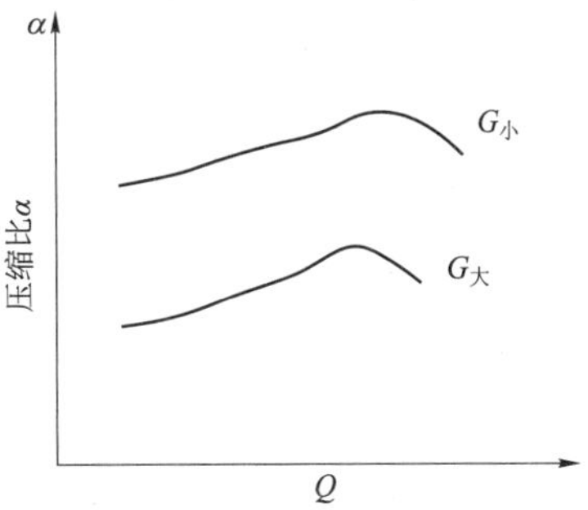

图 1-1　补压机特性曲线

表 1-2　补压机的主要性能参数

序号	参数名称	T-44 型	OK-19Π 型	OK-7/8 型
1	转数/(r/min)	3 000(50 Hz) 6 000(100 Hz)	3 000(50 Hz) 6 000(100 Hz)	3 000(50 Hz) 6 000(100 Hz)

续表

序号	参数名称	T-44 型	OK-19Ⅱ型	OK-7/8 型
2	压缩比	7.6(100 Hz)**	1.5～1.9(50 Hz) 5.5(100 Hz)	6.2(100 Hz)
3	工作轮直径/mm	ϕ540	ϕ520	ϕ500
4	工作轮叶片数	17	长 16、短 22	12
5	扩压叶片数	4	—	—
6	吸气管直径/mm	304	170	
7	扩散器出口直径/mm	670	710	
8	电流频率/Hz	100±1	100±1	100±1
9	电压/V	380±19	380±19	380±19
10	额定电流/A	8.1+0.4	≯2.32	10
11	额定功率/kW	3.7+0.2	1.35～1.4*	5
12	功率因数	0.68±0.05	0.76±0.05*	
13	启动电流/A	≯31	≯12.5	≯31
14	启动时间/s	≯80(100 Hz)	≯18(50 Hz) ≯60(100 Hz)	≯120(100 Hz)
15	空转功率/kW	0.32	0.225*	0.275
16	空转电流/A	4.5	1.7 *	4.75
17	轴承型号	前轴承　E207QU3	E207QU1	E207QU2
		后轴承　E205QU1	E205QU1	E205QU2
18	进水口水温/℃	8～20	13～18	
19	进出口水温差/℃	0.5～4.5	2～4	
20	进水口水压/(kg/cm²)	4	4	
21	单台冷却水量/(L/h)		≮400	
22	无冷却水工作时间	≯15 min	≯20 min	

注：* 为扩散 OK-19Ⅱ型补压机参数，* * 为 T-44 型补压机装 23 片扩压片时的参数供参考。

第四节　加油器

学习目标：通过学习，使学员掌握加油器结构、类型、主要性能参数，熟知加油器更换、投入要求和加油方法。

一、概述

(以中核兰州铀浓缩有限公司离心工程为例说明)

加油器为活塞式结构，用于补压机轴承的润滑加油。每台补压机有两个加油器，分别装在其前后轴承。加油器油室容积 30～34 ml，内装有常温下密度为 2 g/cm³，型号为 УПИ

油。注满油的加油器油室总油份数为 96 份，标识刻度为 72 份。正常运行的补压机必须进行计划加油，以保持其轴承具有良好的润滑。当油室内总油份数较少或从中发现缺陷时，必须进行更换。给正在运行设备更换加油器时，须冷凝油管。加油器随补压机进行计划检修，分为大修和小修。大修周期为 8～10 年（使用 4851＃油，即 KC 油，又称 1＃油）和 5.5 年（使用 4831＃油，即氟氯碳油）。未满大修周期的加油器只进行小修。

二、加油器结构

加油器的部件主要由油室、活塞、螺栓、闭锁阀 A、闭锁阀 B、输油管等几部分组成，其内部结构如图 1-2 所示。

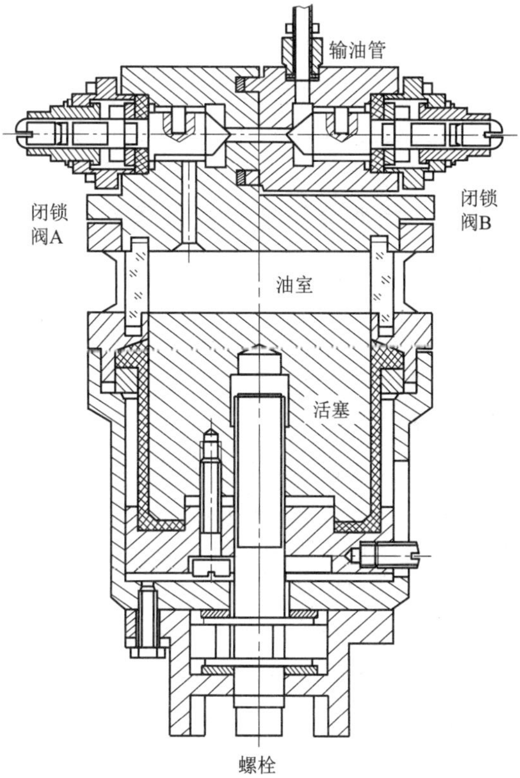

图 1-2 加油器内部结构

三、加油方法

1）如果补压机的加油器属首次对轴承加注润滑油，则应首先进行除气工作，具体操作为：

打开加油器本身闭锁阀 A，在未打开输油铜管端闭锁阀 B 的情况下，先类似加油操作，用加油扳手套入加油器底部螺栓（六方体）进行加油若干份，直到推动六方体困难时为止。此时，油并未进入轴承。随后，可按正常情况继续进行加油。

2）除首次加油外，其余情况下的加油均按以下步骤进行：

① 加油前，检查加油器内是否有气泡。

② 先打开闭锁阀 A，（如果加油器内有气泡，应首先进行除气，除气方法按步骤①进行），如果加油器内无气泡，可直接进入下一步骤。

③ 打开输油铜管端闭锁阀 B，用扳手反方向旋转螺栓推动活塞加油，听到“喀嗒”声后加油成功，为 1 份油。加油份额超过 1 份时，每两份油之间的停留时间不少于 10 s。

④ 待最后一份油加完后，停留 15～20 s 后，先关闭输油铜管端闭锁阀 B，再关闭加油器本身闭锁阀 A。检查确认无误后，即完成操作。

四、加油器主要性能参数

各类加油器主要性能参数如表 1-3 所示。

表 1-3 各类加油器主要性能参数

序号	参数名称	T-44 型	OK-19П 型	OK-7/8 型
1	加油器型号	2Z1.2	СД-68	Cб-68-A
2	油型号	УПИ	УПИ	УПИ

续表

序号	参数名称	T-44 型	OK-19П 型	OK-7/8 型
3	油密度/(g/cm^3)	2	2	2
4	油杯容积/cm^3	30～34	30～34	30～34
5	一份油容积/cm^3	0.35	0.35	0.35
6	最大装油份数/份	96	96	96
7	贮油重量/g	60～68	60～68	60～68
8	贮油容积/cm^3	30～34	30～34	30～34
9	加一份油重/g	0.7±0.1	0.7±0.1	0.7±0.1

五、加油器更换和投入要求

1. 加油器更换的条件

是加油器中的润滑油已耗尽(或加油器内油量达到有关技术规定的最小值),或加油器内润滑油有缺陷(如:油内有杂质、油质混浊、气泡多并且不能完全去除等)。

2. 更换及投入运行的措施及要求

1) 将要更换的加油器输油管用液氮冷冻充分。

2) 4～5 min 后,打开加油器闭锁阀 B、闭锁阀 A,注入至少 3 份油,形成油封。

3) 关闭加油器闭锁阀 A、闭锁阀 B,将加油器卸下,装上新加油器。

4) 打开闭锁阀 B,进行密封性检查,以相应的轻杂质检测仪表(ГА-1М,机组;ГП-2,料流)示值不变为密封性检查合格。

5) 关闭闭锁阀 B,打开闭锁阀 A 后进行除气。

6) 打开闭锁阀 B,加油 11 份,关闭闭锁阀 B 和闭锁阀 A,投入运行。

六、加油器检修

1) 加油器检修包括大修和小修。

2) 大修分为拆卸、清洗、装配三个部分。

3) 小修主要包括闭锁阀检修和油管检修。

七、加油器注油过程

1) 将注油台(注油台示意图如图 1-3 所示,压力抽空至小于 2×133.3 Pa,用绝对压力计测量系统漏量小于 19.6 Pa/10 min 为合格。

2) 预热润滑油后倒入除气器加热、搅拌、抽空进行除气,搅拌时间≮30 min。

3) 将加油器抽空到≯133.3 Pa,继续抽空 3～5 min;润滑油注入加油器,压力不超过 0.6 MPa。目测油位正常,关闭闭锁阀 A、闭锁阀 B。

4) 将加油器从注油台拆下,待加油器冷却后对其进行"除气",完成注油过程。

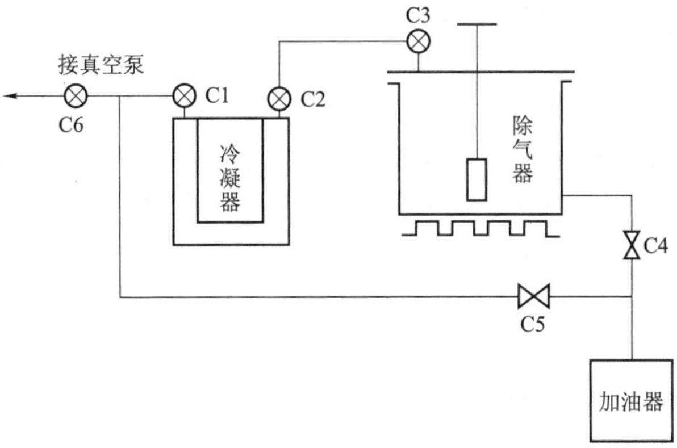

图 1-3　注油台示意图

八、加油器更换操作步骤

1. 更换前的准备工作

1）领取并检查新加油器无气泡，外观等符合要求。

2）填写工作票，车间主任和值班主任审签。

3）准备更换工具和液氮。

4）与值班人员联系，并配合工作，进行安全监护。

2. 更换操作步骤

1）确定要更换的加油器油面保持 4～6 份，否则监护人员请示有关领导同意。

2）充分冷冻加油器输油管。

3）工艺值班人员打开加油器闭锁阀，加油后关闭。

4）工艺值班人员与控制室联系，监视工艺回路压力。

5）拆下原加油器，装上新加油器。

6）待输油管充分解冻后，由值班人员按规定加油和测量。

7）清理现场卫生，更换的旧加油器交回原领处。

8）完成此项工作不少于 3 人。

9）在加油器整个更换期间，严密监视工艺回路压力变化。

第五节　冷风箱和热风箱

学习目标：通过学习，使学员掌握冷风箱和热风箱结构特点、工作原理主要参数及用途。

一、低温冷风箱的结构特点、工作原理及用途

1. 低温冷风箱的结构特点

低温冷风箱由箱体、制冷机组和控制柜三部分组成。箱体拼装式结构，所有箱体材料均制作为板块状，板块与板块间进行粘接密封。制冷机组压缩机采用半封闭活塞型压缩机。

机组主控界面硬件采用数字式智能温度控制器设备温度控制界面。

2. 低温冷风箱的工作原理

低温冷风箱制冷系统采用蒸汽压缩制冷原理,制冷剂通过压缩机进行压缩变成高温高压蒸汽,再通过冷凝器变成高温液体,通过膨胀阀节流进入蒸汽发生器进行蒸发,变成低温低压蒸汽,然后进入压缩机再进行压缩,形成制冷循环。箱体内的空气在风机的作用下充分流动交换,空气温度降低,达到降温目的。

3. 低温冷风箱的用途

低温冷风箱是用于冷却容器及冷凝容器内物料的一种专用制冷装置,可以根据运行需要提供−5～−25 ℃的低温环境,用于冷凝物料。主要由箱体、盖板、冷风机组、循环风机、操作窗等组成。

二、热风箱的结构特点、工作原理及用途

热风箱的结构特点和工作原理

1. 热风箱的结构特点

热风箱由箱体和控制柜两大部分组成。箱体主要由工作室、盖板、加热器、循环风机、操作窗等组成。箱体为拼装式结构,所有箱体材料均为白色彩钢板,保温层为阻燃聚氨酯发泡材料;盖板为单扇顶开式,上安装有 4 个吊环,用于容器吊运及箱体密封;箱门密封采用双层耐温软态硅橡胶封条;前端操作窗保温小门 2 扇,用于对容器操作,箱体内放置 3 m^3 容器专用支架,还设有 2 套照明;加热器采用电加热管;箱体后端安装有 2 台、底部 1 台离心式循环风机,用于箱内设备温度均匀分布;箱体上还安装有 1 个限位开关,用于监测及反馈箱体盖板信息;控制柜用于对热风箱内空气温度、压力、加热器温度、容器表面温度、容器中部温度的监测及控制,可在控制面板上对容器加热参数及报警值进行设置;箱内装有 6 个 PT100 型温度传感器,其中回风温度、加热器温度、容器表面温度各 2 个,另外还有一个压力变送器,检测箱体内压力。这些设备均为现场控制及 DCS 系统提供信号。

2. 热风箱的工作原理

热风箱制采用 2 组 7.5 kW 电加热器加热,通过箱体底部 1 台风机将热源经导流槽均匀吹至上部,再通过后端的 2 台循环风机将热空气充分流动交换,使容器温度变化,达到温度要求。

3. 热风箱的用途

热风箱是用于对供料容器加热蒸发的一种专用加热装置,可以根据运行需要提供 30～100 ℃的温度环境,保证供料系统正常运行。

三、低温冷风箱主要参数

工作室尺寸:3 800 mm×1 900 mm×2 000 mm(长×宽×高);
使用温度:−5～−25 ℃;工作时颈部加热器温度:(55±3) ℃;
温度均匀度:空载条件≤2 ℃,负载条件≤3 ℃;温度波动度:≤0.5 ℃;
除霜指标:除霜间隔时间 4 h,除霜时间≤10 min,除霜过程箱内空气温度回升≤10 ℃;
降温速率:箱内温度由常温降至−25 ℃不大于 6 h;

工作时冷却水入口温度：17～20 ℃，冷却水入口压力：0.35～0.45 MPa；
设备总功率约 13.5 kW；
最大运行功率：9 kW。

四、深冷箱主要参数

工作室尺寸：450 mm×510 mm×460 mm（深×宽×高）；
温度范围：−80～+80 ℃；
温度波动度：≤±0.5 ℃（空间几何中心测试点）；
除霜控制：手动，除霜时间≤±30 min；
升降温度速率：0～+80 ℃升温：≤10 ℃/h（负载）；−60～+25 ℃升温：≤1 h（负载）；+25～−80 ℃降温：≤4 h（负载）
负载：140 kg 钢静态负载+915.5 kJ/h；
噪声：≤75 dB（距离设备 1 m 测试）；
设备总装机容量：6.5 kW；
压缩机功率：3 HP×2 台；
加热功率：2 kW；颈部加热器功率：0.15 kW；送风风机功率：40 kW×2 台。

五、热风箱主要参数

工作室尺寸：3 800 mm×1 900 mm×2 000 mm（长×宽×高）；
温度范围：25～100 ℃，可调；温度波动度：≤0.5 ℃；
升温速率：① 常温至 RT 56 ℃≤6 h（全程平均）；② 负载 3 580 kg 钢；
工作电源：380 V、50 Hz；
设备总功率：≈16 kW，其中：照明功率：25 W×2；加热器功率：7.5 kW×2；管道颈部加热器功率：0.5 kW；送风风机功率：0.5 HP×3。

第六节　放射性废液、废水

学习目标：通过学习，使学员掌握放射性废液、废水基本特征，处理工作原理和主要参数。

一、放射性废液的基本特征和处理基本任务

本教材所指的放射性废液含铀 100 mg/L，^{235}U 丰度小于 7%的溶液。

1. 放射性废液的主要来源

1）铀浓缩工厂主机、工艺管道等在检修过程中产生的清洗液；
2）盛装 UF_6 容器残余料的清洗液；
3）含铀灰渣的浸取液；
4）煅烧过程中的废液；
5）沾污工作服洗涤废水；
6）来自实验室、分析室等的废水；

7）来自沾污厂房地面和设备的清洗液。

2. 放射性废液的基本特征

来自铀浓缩工厂放射性废液中除少数呈酸性，如含铀灰渣的浸取液等，其余基本为碱性溶液，且废液的铀浓度、残余碱度（或酸度）和数量时有变化。

3. 废液处理的基本任务

最大限度地回收废液中的铀，经富集、纯化加工成不同丰度的铀化合物中间产品；使处理后排放的废水，其铀浓度及氟离子等有害成分符合规定的标准要求，尽量降低铀的外排绝对量，并在废液处理过程中的各个环节上，加强对各种废液的接受、储存、转移操作以及废弃残渣堆置管理，杜绝任何外溢漏泄现象的发生。

二、放射性废液处理工艺原理

含铀溶液经酸化去碳，使铀由碳酸铀酰转化为硫酸铀酰离子，以 P-204 萃取铀，再以碳酸铵反萃取。铀以三碳酸铀酰铵晶体（代号“131”）形式析出，经煅烧得到 U_3O_8存放。

（1）酸化去碳反应式

$$Na_4UO_2(CO_3)_3+3H_2SO_4=UO_2SO_4+2Na_2SO_4+3H_2O+3CO_2\uparrow$$

$$Na_2CO_3+H_2SO_4=Na_2SO_4+H_2O+CO_2\uparrow$$

（2）萃取反应式

$$UO_2^{2+}+2(HA)_2=UO_2(HA_2)_2+2H^+$$

式中$(HA)_2$表示 P-204 的缔合分子，其分子式为：$(C_8H_{17}O)_2POOH$。

（3）对杂质铁的萃取反应式

$$Fe^{3+}+2(HA)_2+H_2O=Fe(OH)A_4H_2+3H^+$$

（4）反萃取反应式

$$UO_2(HA_2)_2+3(NH_4)_2CO_3=(NH_4)_4UO_2(CO_3)_3+2HA_2-NH_4$$

（5）贫有机相酸洗反应式

$$2HA_2-NH_4+H_2SO_4=2(HA)_2+(NH_4)_2SO_4$$

$$(NH_4)_2CO_3+H_2SO_4=(NH_4)_2SO_4+H_2O+CO_2\uparrow$$

$$(NH_4)_4UO_2(CO_3)_3+3H_2SO_4=UO_2SO_4+2(NH_4)_2SO_4+3H_2O+3CO_2\uparrow$$

三、放射性废液处理主要参数

萃取原液铀含量：≤5 g/L；萃取原液氟含量：≤3 g/L；

去碳温度：自然温度；去碳时间：1 h；

去碳后溶液硫酸含量：(3～6) g H_2SO_4/L 溶液；去碳后铀含量：≤50 mg/L；

萃取剂浓度：0.08 mol/L P-204＋0.05 mol/L TRPO（摩尔浓度）＋磺化煤油；

萃取原液流量：(600～800) L/h；

萃取流比：水相/有机相＝(3～10)/L；

萃取相比：水相/有机相＝1/(1～1.3)；

饱和有机相铀含量：≤15 g/L；

萃余水铀含量≤2 mg/L(内控≤1 mg/L)；

反萃取剂浓度：(200～250) g $(NH_4)_2CO_3$/L；

反萃温度：(40±2) ℃；夹套内热水温度：(50±2) ℃

反萃取流比：反萃剂/有机相＝1/(3～10)；

反萃取相比：反萃剂/有机相＝(1～1.3)/L；

贫有机相铀含量：≤100 mg/L。

四、放射性废水处理工艺原理

在 CO_3^{2-} 体系里，铀主要以三碳酸铀酰络合离子存在，它能与强碱性 717 树脂进行离子交换，717 树脂吸附铀的反应式如下：

$$4R-CH_2N(CH_3)_3Cl+UO_2(CO_3)_3^{4-}\rightleftharpoons[R-CH_2N(CH_3)]_4\ UO_2(CO_3)_3+4Cl^-$$

被饱和后的树脂经顺流再生处理，铀被解析达到浓缩、净化、回收铀的目的，同时树脂恢复其交换能力。反应式如下：

$$[R-CH_2N(CH_3)]_4\ UO_2(CO_3)_3+4Cl^-\rightleftharpoons 4R-CH_2N(CH_3)Cl+UO_2(CO_3)_3^{4-}$$

废液中的 F^-、SO_4^{2-} 等有害杂质通过石灰乳中和，形成 $CaSO_4$、CaF_2 沉淀除去，其反应方程式如下：

$$Ca^{2+}+2F^-=CaF_2\downarrow$$

$$Ca^{2+}+SO_4^{2-}=CaSO_4\uparrow$$

废液中的微量铀可在 $CaSO_4$、CaF_2 沉淀时形成共沉淀，使废液中的铀含量下降到 100 μg/L 以下。

五、放射性废水处理主要参数

1. 接收废水标准

碱度≤15 g/L(必须是碱性，酸性废液不予接收)；氟离子≤15 g/L；

铀含量≤100 mg/L；氯离子≤350 mg/L。

2. 废水吸附标准

碱度≤10 g/L(不得低于 5 g/L)；氟离子≤3 g/L；

铀含量≤100 mg/L；氯离子≤350 mg/L；

吸附流率：(400～600) L/h　水-9/1；

(400～900) L/h　水 09/1-3、水 09/4-5；

输送压力：(0.2～0.3) MPa；吸附后尾水铀含量：≤1 mg/L。

3. 再生吸附塔再生与水洗过程参数控制

再生剂浓度：(1.2～1.5) mol/L NaCl+5 g/L Na_2CO_3

再生剂流率：200 L/h；水洗流率：200 L/h；

再生合格标准：再生液中 U≤100 mg/L；

水洗合格标准：水洗液中 Cl^-≤350 mg/L。

4. 废水排放标准

U≤100 μg/L；F^-≤200 mg/L(内控 U≤80 μg/L；F^-≤180 mg/L)。

第二章　取　样

第一节　取样知识

学习目标：通过学习，使学员掌握取样目的、分类，熟悉取样台结构和取样操作。

一、取样目的

掌握铀浓缩生产工艺回路中物料浓度以及其他相关物质（包括轻杂质）含量的分布情况，检查分析产品质量，测定级联的生产能力。

二、取样分类

1. 用U形取样器所取的样品，采用质谱分析法测定样品中^{234}U、^{235}U、^{236}U的含量。

2. 用杯形取样器所取的样品，采用化学分析法或光谱分析法测定样品中杂质含量或用多道α能普法测定^{232}U的含量。

3. 用容器所取的气态样品，目前多用1 L容器进行取样，所取得的气态样品，采用质谱分析法测定样品中卤代烃含量。

三、取样台结构、各阀门功用及取样台安装后要求

1. 取样台结构

取样台由压力监测仪表、阀门、连接管、固定装置等部件组成，其结构如图2-1所示。

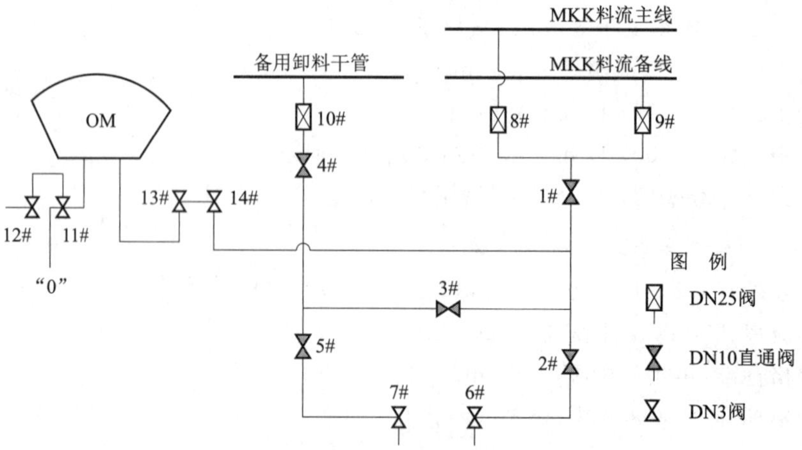

图2-1　取样台结构示意图

2. 各种阀门的功用

1＃、8＃、9＃阀门，通常为与工艺回路管线连接的阀门；

2＃、3＃、5＃阀门，取样台内部连接阀；

6＃、7＃阀门，通过接头与取样器相连的阀门；

4＃、10＃阀门，与备用卸料干管或抽空干管连接的阀门；

11＃、13＃阀门，仪表正、负腔阀门；

12＃阀门，仪表负腔破空阀门；

14＃阀门，取样台与仪表正腔相连的阀门。

3. 取样台安装后要求

取样台安装后，需经真空测量合格，取样台的清洁要求与主工艺设备相同。

第二节 取样操作

学习目标：通过学习，使学员掌握各种取样操作及方法。

一、U 形取样器取样操作

1. 准备工作

1）检查 1～10＃、12～14＃阀门关闭，11＃阀门打开。

2）检查已安装的取样器外观符合要求，DN3 阀门手柄、外壳完好，取样器及其堵头、螺帽编号应一致。

3）打开 OM 灯光开关，依次打开 13＃、14＃、2＃、3＃、2＃阀门，检查取样台压力不大于 26.6 Pa；依次打开 1＃、4＃阀门，检查取样台连接管内部压力不大于 26.6 Pa；并检查压力 5 min 无变化，关闭 1＃、4＃阀门。打开 6＃、7＃阀门，检查取样器内部压力正常并判断 6＃、7＃阀门不漏。若压力有异常，则查明并消除。打开 4＃、10＃阀门对取样台抽空至小于 26.6 Pa，关闭 4＃阀门，并观察压力不变，关闭 3＃阀门。

4）打开工作点 8＃阀门（若从备线上取样则 4＃阀门关闭，9＃阀门打开），检查 1＃阀门通道不漏，打开 1＃阀门，检查并测定取样压力，打开 4＃阀门，对取样器循环钝化 1～2 min 后，关闭 5＃、4＃阀门。根据取样压力和取样量要求计算取样时间。

5）U 形取样器质谱样品的取样量，按照技术通知的规定控制取样量。

2. 取样操作

1）在取样器上套上盛满液氮的小迪瓦瓶，开始计时，达到所需时间后，关闭 1＃、8＃（或 9＃）阀门，待压力不再下降时，关闭 6＃、7＃阀门，打开 3＃、5＃、4＃阀门，将取样台抽空至小于 26.6 Pa，关闭 3＃、5＃、4＃、2＃阀门。

2）将取样器拆下，装上堵头，拧紧螺帽，在取样台上安装破空的备用容器。关闭取样器上的 6＃、7＃阀门。

3）取样台及取样阀门通道和密封性检查：

（1）装好取样器后，检查 OM 指示无变化，则 2＃阀门通道不漏，打开 3＃阀门，若 OM 指示无变化，则 5＃阀门通道不漏。

(2) 关闭3#阀门,打开5#阀门,检查OM指示无变化,3#阀门通道不漏。

(3) 缓慢打开3#阀门,检查压力上升,后关闭3#阀门,则3#、5#阀门通道畅通,打开4#、3# 阀门,对其抽空后关闭4#阀门,检查2~3 min,压力不变,则3#阀门通道及连接管不漏。

(4) 缓慢打开2#阀门,检查压力上升后,关闭2#阀门,则2#阀门通道畅通。打开4#、2#阀门,抽空后,关闭4#阀门,检查1~2 min压力不变,则6#阀门通道及连接管不漏。

(5) 缓慢打开6#阀门,待压力上升后,关闭6#阀门,则6#阀门通道畅通。

(6) 缓慢打开7#阀门,待压力上升后,关闭7#阀门,则7#阀门通道畅通。

(7) 打开4#、5#、7#阀门,将取样台抽空至小于26.6 Pa,关闭4#阀门,检查5 min压力无变化。

(8) 打开1#、4#阀门,将连接管中残料抽空到26.6 Pa以下,关闭4#阀门,观察1~2 min压力不变,则8#(或9#)阀门通道不漏。

(9) 关闭取样台1#、2#、3#、4#、5#、6#、7#、10#、13#、14#阀门,并检查12#阀门,以及8#(9#)阀门是否关好。

二、杯型取样器取样操作

1) 杯型取样器是通过异径接头与取样器6#阀门相连。连接前,应检查垫圈是否完好,取样器内表面必须清洁,避免灰尘等杂物进入取样器。

2) 检查1~10#、12~14#阀门关闭,11#阀门打开。

3) 将取样器6#阀门与取样台连接,依次打开13#、14#、3#、2#、4#、10# 阀门和6# 阀门对取样器抽空至26.6 Pa以下。再打开1#阀门一同抽至26.6以下。

4) 关闭4#、6#阀门,对取样器连接处密封检查3~5 min,若压力不变,说明无大漏,关闭3#阀门。

5) 进行取样器钝化和检查取样线路畅通及取样器在冷冻状况下的大漏检查。打开8#(9#)阀门,压力指示上升至取样处压力。关闭8#(9#)阀门,对取样器钝化2~3 min,打开3#、4#、10#阀门,对取样台抽空至26.6 Pa以下,关闭3#、4#、10#阀门。用液氮冷冻取样器,2~3 min压力不上升,说明取样器在冷冻状况下无大漏。关闭2#阀门,打开8#(9#)阀门,待压力上升1 330 Pa左右时,关闭1#阀门,打开2#阀门,检查压力迅速下降至133 Pa以下,说明取样器线路畅通,取样器冷冻充分。

6) 打开1#阀门取样,达到所需时间立即关闭1#、8#(9#)阀门,待压力小于26.6 Pa且不再下降后,打开4#、3#、10#阀门对冷冻着的取样器抽空后再关闭2#、3#、4#阀门。取样器在充分冷冻的情况下拆下,装上堵头、螺帽。

7) 拆下连接管对6#阀门上堵头、螺帽,打开3#、4#、2#、6#阀门对取样台抽空至26.6 Pa,关闭4#阀门,检查5 min压力不变,打开1#、4#阀门,将连接管中残料抽空到26.6 Pa以下,关闭4#阀门,观察2~3 min压力不变,则8#(9#)阀门通道不漏。

8) 关闭取样台1~7#、10#、13#、14#阀门并检查12#、8#(9#)阀门为关闭状态。

9) 在未装孔板的条件下,取样时间可按下式估算:

$$t=G/Kpd^2$$

式中：G——所需样品的重量，g；

p——取样时的冷冻压力，×133 Pa；

d——6＃阀门直径，$d=0.3$ cm；

K——系数，在取样线路畅通的情况下，K 的经验值为 0.02～0.03；

t——取样时间，s。

三、气态样品取样操作

1. 取气态样品的 1 L 取样器经深抽，本底扫描检查合格后，进出口阀门应为关闭状态。

2. 检查关闭 8＃(9＃)、10＃、1＃、2＃、3＃、4＃、5＃阀门。用连接管将取样容器进口与 2＃阀门连接。

3. 检查打开 11＃、13＃、14＃、3＃、2＃、4＃、5＃ 阀门和 10＃阀门，对连接管抽空至 26.6 Pa 后，打开 1＃阀对连接管抽空至 26.6 Pa 以下。

4. 检查连接管真空密封。关闭 4＃、10＃阀门，检查 3～5 min 压力不上升，则说明连接管无大漏。关闭 3＃、1＃阀门，打开取样容器进口阀门，检查容器内压小于 26.6 Pa。

5. 打开 8＃(9＃)、1＃阀门及取样容器进口阀门对取样容器进行循环处理 10～15 min。关闭 8＃(9＃)、1＃阀门，打开 3＃、4＃、10＃阀门对取样台抽空至 26.6 Pa 以下，关闭 3＃、4、10＃ 阀门。

6. 打开 8＃(9＃)、1＃阀门及取样容器进口阀门，压力上升至高压腔压力后，再关闭取样容器进口阀和 8＃(9＃)阀门。

7. 打开 3＃、4＃、10＃阀门对取样台及连接管抽空至 26.6 Pa 以下，关闭 3＃、4＃、2＃、1＃ 阀门。

8. 拆下取样容器和连接管，取样容器装上堵头、螺帽，连接管用清洁白布包扎。

9. 对 2＃阀门上堵头、螺帽，打开 3＃、4＃、10＃阀门对取样台抽空至 26.6 Pa 以下，关闭 4＃ 阀门，观察 1～2 min 压力不变，关闭取样台 1＃、2＃、3＃、4＃、5＃、10＃、13＃、14＃阀门，并检查 12＃阀门，以及 8＃(9＃)阀门。

第三节　取样器

学习目标：通过学习，使学员掌握取样器管理要求和检查要求。

一、取样器管理要求

1) 各种取样器都必须有书面周转记录，记载取样器的原始皮重、初次启用及历次清洗、称重的日期和结果，记录的封面上应显著标明取样器编号。

2) 各种型号取样器本体和堵头、螺帽必须有相同的编号，并用钢字头标记，当清洗、检修更换配件时必须重新标记，重新称重，并在周转记录本上注明。

3) 取样器应按规定进行清洗和相关处理：

对 U 形取样器必须真空试验合格，所用 DN3 阀应畅通，关闭时通道不漏；

对杯型取样器在对样品水解后清洗烘干；

对 1 L 容器要按相关规定进行定期打压检查。

二、取样器检查要求

1）取样器内表面要求光滑、清洁，各部件完整无损。

2）取样连接管质量应符合要求，螺母丝扣完好。

3）安装杯型取样器时，防止灰尘等杂质进入取样器内。

4）取气态样的1 L容器，必须预先将容器抽空并经内部本底扫描检查合格；与取样台连接时，连接管必须专用，保证连接管内部清洁。

第四节 取样注意事项和故障处理

学习目标：通过学习，使学员掌握取样注意事项和故障处理要求。

一、取样操作注意事项

1）取样操作前应与控制室或运行控制中心联系，确认系统无其他抽空或卸料等操作，准许进行取样操作。并检查对应的抽空系统压力不大于26.6 Pa。

2）打开1＃阀门前，确保取样台无漏且压力不大于26.6 Pa。

3）取样时，密切监视取样台压力，如发现异常，立即关闭8＃（或9＃）阀门，停止取样。并报告控制室。

4）拆装取样器时，严禁打开1～5＃、8＃（9＃）阀门。

5）取样台压力过高，向抽空系统或净化真空系统放气前，与控制室联系，确认此时没有进行其他抽空工作。

二、取样故障处理

1. 抽空系统有空气漏入的处理

1）事故原因：

① 拆装取样器或检修取样台时，未关闭5＃、10＃阀门。

② 抽空判漏时，取样器堵头垫圈未装。

2）处理方法：立即关闭4＃、5＃或3＃、2＃阀门，消除漏点并抽空。

2. 工作气体进入仪表零位线处理

1）原因：OM仪表薄膜有漏。

2）处理方法：更换OM仪表。

3. 取样器打翻样品撒出处理

1）原因：操作者疏忽大意。

2）处理：将撒出的工作物质盖上，用液体氮冷冻撒出的样品，然后用小铲收集入取样器事故容器中，由去污人员及防护人员对地面去污检查。

4. 空气进入工艺回路处理

1）漏入空气的原因：

① 拆装取样器时，1～5＃、8＃（9＃）阀门未关闭或通道大漏量造成空气进入工艺回路。

② 开关阀门时，阀门弹簧箱大漏。

2）处理方法：立即检查关闭1～5＃阀门和8＃（9＃）阀门；取样过程中取样台或连接管大漏，造成空气进入工艺回路，立即关闭1＃、2＃、8＃（或9＃）阀门。

第三章　容器拆装

第一节　吹　洗

学习目标：通过学习，使学员掌握吹洗技术和管道或设备吹洗的具体操作步骤。

一、吹洗技术

吹洗技术是工艺运行维护与设备检修过程中一门重要的技术，是设备正常运行和人员健康的重要保证。吹洗技术分为未被有害气体污染的管道或设备的吹洗技术和接触过有害气体的管道或设备的吹洗技术两种。本书所说的有害气体一般指对人体有危害的气体，具体到铀浓缩生产主要指 UF_6以及 HF 气体等。

对于工艺管道或容器在进行拆装和设备更换时，尽管曾事先对其进行净化、抽空等处理措施，但是仍有少量 UF_6工作物质、UO_2F_2以及 HF 气体粉末附着在管道内表面，这些物质进入人体后，将对人的机体造成危害。主要包括放射性和化学毒性两个方面。

因此，为避免 UF_6气体物质进入人体所造成的危害而采取的具体防护措施包括："包容、隔离、净化、稀释"。其中：稀释就是在合理控制下利用干净的空气或其他介质(水、惰性气体等)，使系统内的有害物质浓度降低到控制水平以下。接触过有害气体的管道或设备的吹洗技术就属于稀释法的一类。

二、未被有害气体污染管道或设备的吹洗技术

1. 基本原理

未被有害气体污染管道或设备的吹洗技术主要用于清除管道内腔在其安装期间可能落入的焊渣和其他机械杂质。其方法是利用压缩空气向已拆掉盲板的管道或设备进行吹洗。吹洗质量的检查，则借助套在管道卸掉盲板端部上的湿润漂白棉布来完成，也允许用漂白棉布制成管套进行吹洗质量检查。如果被吹洗管道出口处的吹洗用压缩空气在浸湿漂白棉布上未留下机械杂质痕迹，该吹洗可告结束。对于某一些有特殊要求的管道或设备，在用压缩空气吹洗结束后，还必须用水进行清洗，对于重要设备，如：气体离心机冷却系统要用除氧水进行清洗。

2. 管道或设备吹洗的具体操作步骤

1）打开吹洗用压缩空气管线上的阀门，用压缩空气吹洗管道。然后用管道中压缩空气出口处所设置的湿润漂白棉布检验吹洗质量。

2）如果在浸湿漂白棉布上未留下肉眼可见机械杂质痕迹，说明吹洗质量合格，该吹洗可告结束。反之，则继续进行吹洗，直至合格。

3）吹洗结束后，关闭吹洗用压缩空气管线上的阀门。

4）盲死系统管道的管端。

三、被有害气体污染管道或设备的吹洗技术

接触过有害气体的管道或设备的吹洗技术就是给管道或设备内充入清洁气体（称为破空），经与对人体有害气体（UF_6和 HF 气体）相混合后，再用真空泵排除的气体置换过程。每破空、抽空一次，称为一个吹洗循环。每次破空必须分阶段进行，要达到使对人体有害气体降到允许范围之内的目的，需进行多次的吹洗循环。吹洗所用装置包括：气体吹洗系统、临时用吹洗用液氮装置和移动式吹洗小车。吹洗所用介质一般包括清洁的空气（如供取料系统中对容器的拆装），或干燥氮气（如：级联料流孔板更换及精、贫料补压机更换等）。

被有害气体污染管道或设备的吹洗严格按照相关规程规定和要求进行。

四、移动式吹洗小车

对于某些设备虽曾接触过 UF_6工作气体，但在对其进行的拆装工作时，不需要打开设备内腔。此时可用清洁的空气对其进行破空，但由于破空容积内有微量 UF_6工作气体和其他对人体有害的杂质，不能直接排放大气，如：供取料容器拆装。移动式吹洗小车即能满足此项要求。

1. 移动式吹洗小车的组成

移动式吹洗小车由 DN3 破空阀、真空泵组、真空测量用 OM 仪表、仪表零位罐、设备与抽空机组的连接金属软管、凝冻器以及真空泵排气管等组成。其装置流程图如图 3-1 所示。

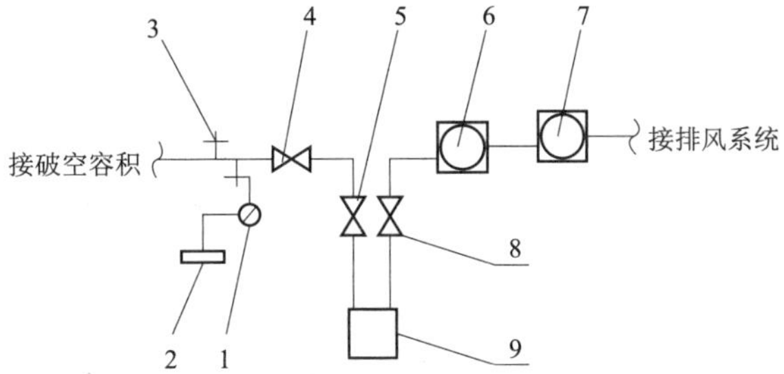

图 3-1 吹洗小车装置流程图

1—OM 仪表；2—零位罐；3—破空阀；4—截断阀；5—凝冻器进口阀；6—罗茨泵；7—旋片泵；8—凝冻器出口阀；9—凝冻器

图 3-1 中，OM 仪表 1 量程为 0～100 mmHg。仪表零位罐压力在 50～100 μmHg。罗茨真空泵抽速 30 L/s，极限真空为 5×10^{-2} Pa。旋片真空泵抽速 8 L/s，极限真空为 6×10^{-2} Pa。

2. 移动式吹洗小车破空、吹洗的具体操作步骤

1）准备工作：

① 在吹洗工作开始前，向吹洗小车 3 L 凝冻器的迪瓦瓶内注入液氮，液面要维持在 2/3 的高度上。冷冻 30 min 后，方可使用。

② 用真空泵组将容器和连接管抽空到 100 Pa 以下。

③ 检查大漏合格，真空泵排气接厂房局排系统。

2) 检查关闭容器阀门,关闭连接管上的阀门。拆下连接管上的接头盲板,连接吹洗软管,用移动泵将软管抽空。

3) 打开连接管上的阀门,对连接管抽空到 100 Pa 以下,关闭吹洗小车凝冻器进口阀。

4) 用吹洗小车连接管上的 DN3 阀门对吹洗管段破空到大气后,关闭 DN3 阀门。

5) 打开凝冻器进出口阀,对连接管抽空到 100 Pa 以下,完成一次吹洗操作。

6) 重复 4)~5),反复吹洗 5 次为合格,关闭连接管上的阀门。

7) 拆下已吹洗合格的容器连接管,容器阀门上堵头。

第二节 供精贫容器拆装

学习目标:通过学习,使学员掌握供精贫容器拆装步骤和要求。

一、供料容器的拆装操作步骤

1. 拆装前的准备工作

(以中核兰州铀浓缩有限公司离心工程供取料厂房为例说明)

1) 准备拆装工具及聚四氟乙烯垫圈。

2) 吊车工按吊车使用规定及有关要求,对吊车进行使用前检查,达到使用要求。

3) 起重工按吊具使用要求对吊具进行使用前检查,符合使用求。

4) 工作负责人与当班工艺人员联系,确定连接管吹洗完毕,检查关闭 FY X M01、M02、M03(X=11、12、21、…、51、52)阀门和容器本身阀门,严禁开关工艺线路上的其他任何阀门。

5) 液压小车通电及升压、降压、运行检查正常,符合使用要求。

6) 质量检查人员检查地上衡,通电并调校正常,检查容器周转本正确。

2. 拆装步骤

1) 拆下与容器连接的金属软管,并上好容器阀门的螺帽。

2) 将液压小车移至容器支架,缓慢上升支臂,将容器支架抬出定位孔(注意不要升出太多,以免容器撞上加热器保护罩)。

3) 移动液压小车,将空容器拖出压热罐,吊离支架进行称重,填写容器周转本及容器交接单数据,并对容器铅封,交接后将空容器吊入专用运输车。

4) 质量检查员对带料容器按规定进行检查后,吊出运输车,复称正常,吊入压热罐内容器支架。

5) 用液压小车将带料容器推入压热罐,注意两边及顶部,以免碰撞压热罐保护罩,使支架固定销落入定位孔后,放下支臂,退出液压小车至规定位置,并对其停电、收线。

6) 拆掉容器阀门螺冒,观察有无物料沉积和污物,用白布、酒精擦净,更换新聚四氟乙烯垫圈,连接好。

7) 通知值班工艺人员,启动真空泵,由值班工艺人员对连接管抽空,检查 30 min 无大漏,交班测量,合格标准按规程规定。

8) 清理现场卫生,污物分类入沾污桶,清点工具并摆放整齐。

9）液压小车的操作按其说明书要求进行检查。

10）装卸和吊运供料容器操作应不少于 7 人。

二、贫料容器的拆装

1. 拆装前的准备工作

1）准备拆装工具及螺栓、盲板，打开要拆装节点的局排。

2）工作负责人与当班工艺人员联系，确保容器内压在规程规定范围和连接管吹洗完毕，拆装人员检查关闭 WRX E01、M02、M03、M04（X＝11、12、21、…、71、72）阀门及容器本身阀门，严禁开关工艺线路上的其他任何阀门。

3）吊车工按规定及要求进行吊车使用前检查正常，起重工按规定要求检查吊索具符合使用要求。

4）质量检查员检查地上衡，通电并调校正常，检查容器周转本正确。

2. 贫料容器上盲板及拆装步骤

1）用吊带将软管轻托，拆开异径接头与容器的连接螺栓，对带料容器内部破空至大气，缓慢起吊 5～10 cm 高度，迅速将盲板盖上，紧固螺栓。

2）通知工艺值班人员对上好盲板的容器进行抽空，按规程规定测量合格后，对其解冻。

3）解冻 6 天后进行容器的拆装，认真检查容器外壁是否带冰，如有带冰现象，请示后再进行与值班人员联系，对连接管吹洗完毕，将出口软管拆下，上好容器出口盲板。

4）拆开容器压盖的固定螺栓，将压盖吊离迪瓦瓶。

5）质量检查人员对带料容器进行铅封、标识。

6）将带料容器吊离迪瓦瓶，用拖布擦净容器底部盐水后，吊放至地上衡进行称重，并擦净容器外观的盐水。

7）填写容器周转本和入库单，将带料容器吊装至运输车运出 03 厂房。

8）质量检查人员复查吊入容器的编号、周转本，对空容器重量复称正确，检查容器外观及阀门安装符合要求。

9）将横放容器立放，吊入迪瓦瓶，盖好压盖并固定螺栓，拆下容器出口盲板，打开阀门，对空容器破空至大气，拆下进口盲板，安装好连接管，通知工艺值班人员启动真空泵，由工艺值班人员对连接管抽空，检查 30 min 无大漏，交班测量，合格标准按规程规定。

10）将拆下的盲板放至规定位置、清理现场卫生，注意盐水不准外滴，否则擦洗干净，清点工具并摆放整齐。

11）贫料容器上盲板操作应不少于 5 人，拆装操作及吊运工作应不少于 7 人。

三、精料容器的拆装

1. 拆装前的准备

1）准备拆装工具及垫圈，仔细检查容器是否彻底解冻，如有解冻不彻底或带冰现象，请示后再进行。

2）吊车工按规定及要求对吊车进行使用前检查正常。

3）起重工按吊具使用要求对吊具进行使用前检查，符合使用要求。

4) 工作负责人与当班工艺人员联系,确定连接管吹洗是否完毕,拆装人员检查关闭 PRX E01、M02、M03、M04(X=11、12、13、21、…、51、52、53)阀门和容器本身阀门,严禁打开工艺线路上的其他任何阀门。

5) 质量检查人员检查地上衡,通电并调校正常,检查容器周转本正确。

2. 拆装步骤

1) 拆开容器进出口连接软管,好容器本身阀门螺帽。

2) 拆开容器压盖的螺栓,将压盖搬离迪瓦瓶。

3) 将容器吊出迪瓦瓶,用拖布擦净容器外壁的盐水。

4) 带料容器称重后,用专用翻倒架放平容器,进行标识和进出口阀门铅封,并填好周转本和产品质量单数据,办理容器交接手续。

5) 用吊梁将带料容器吊装运输车。

6) 将空横放容器竖立,吊入迪瓦瓶,上好压盖,拆下容器本身阀门螺冒,连接进出口金属软管。

7) 通知工艺值班人员,启动真空泵,由工艺值班人员对连接管抽空,检查 30 min 无大漏,交班测量,合格标准按规程规定。

8) 清理现场卫生,沾污件及垃圾分别归类入沾污桶,清点工具并摆放整齐。

9) 完成此项工作不少于 6 人。

第三节 电动物料运输车

学习目标:通过学习,使学员掌握电动物料运输车作用、性能和操作要求。

一、电动物料运输车结构、作用和主要性能参数

1. 作用

电动物料运输车是一种有轨运行的物料输送系统,适用于室内,由操作者通过设置在两端的集中式操作平台来控制整台车的运行,完成物料在不同位置之间的运输,电动物料运输车是与相关容器配套使用,因此本车是一种用途比较单一的物料输送车。

2. 主要性能参数(以中核兰州铀浓缩有限公司四期工程为例)

电动物料性能参数如表 3-1 所示。

表 3-1 电动物料车性能参数

规格型号	16 t×4.5 m	电 源	380 V 50 Hz
起重高度	0.06 m	起升速度	0.24 m/min
小车运行速度	0~5 m/min	大车运行速度	0~30 m/min

3. 结构

物料运输车主要有大车、小车、物料支架、起升机构、运行机构、液压机构、电气设备等七部分组成。

1) 大车和小车:大车由主梁和端梁构成,小车由端梁和小车架构成。大车主梁采用钢

板焊接成的箱形梁。小车架由型钢组焊接而成。大小车端梁都是由矩形管制作。主、端梁均是通过高强度螺栓连接在一起。

2）物料支架：物料支架主要是用来支撑 3 m^3 容器，支架上的弯板弧度是根据 3 m^3 容器直径的大小而定，因此物料支架的使用是有约束条件的。物料支架上橡胶垫的设置满足了 3 m^3 容器吊装时缓冲的要求，同时对 3 m^3 容器也有一定的防滑作用。

由于不同规格的 3 m^3 容器直径有所不同，橡胶垫也可在一定的挤压变形来适应直径不大的变化。

3）起升机构：起升机构使用同步一出四电动液压千斤顶，其中使用了负载敏感节流阀使四个液压缸的误差小于 5 mm。

4）运行机构：大小车均采用分别驱动装置。采用分别驱动，省去了中间传动轴，自重轻、部件的分组性好、安装和维修方便。

5）液压机构：液压机构是起升机构和悬臂梁机构的源动力。液压机构工作中有三个电动液压泵和一个手动液压泵。设置手动液压泵的目的是为了保证在电动机出现故障时起升机构仍能使用。

6）电气设备：电机采用德国 SEW“三合一”电机，制动方式为电磁盘式制动，并配备手动释放装置，在运行机构出现故障时，可通过打开手动释放装置借助外力运行各机构。

二、物料运输车的操作及连锁关系

1. 操作前的准备

在操作物料车之前确认物料车电源已经送上且两个操作台的急停开关处于打开状态，电源指示灯亮（红灯），而后按下启动按钮，启动指示灯亮（绿灯），各机构主回路电源已送上，等待 30 s 后（变压器有一个启动时间），便可操作物料车各机构工作。

2. 操作方法

1）大车运行：当在控制台操作操作杆使大车运行时，左右悬臂应处于收起，悬臂左收和悬臂右收限位动作应处于触发状态，否则大车将无法运行。手动微调可取消悬臂对大车运行的限制，用于当大车自动定位由于一些原因而造成悬臂无法与舱内轨道对齐时的手动调整，该功能限制大车快速运行，而只能使大车以低速状态运行。

2）3 m^3 容器升降：当点动 3 m^3 容器升按钮后，3 m^3 容器升起至一定高度后，3 m^3 容器升限位触发，PLC 内部断电延时继电器动作，5 s 后停止输出，3 m^3 容器升停止；当按下 3 m^3 容器降按钮后，3 m^3 容器下降至一定高度后，3 m^3 容器降限位动作，PLC 内部断电延时继电器动作，5 s 后停止输出，3 m^3 容器降停止。

3）悬臂收放：当按下悬臂放按钮后，悬臂即可放下；当按下悬臂收按钮后，悬臂即可收回，当悬臂收限位触发后，PLC 输出停止，悬臂收动作停止，当悬臂放限位触发后延时 2 s，PLC 输出停止，悬臂放动作停止，两侧悬臂不可同时放下，一个工作周期只能有一侧悬臂放下，若悬臂放不下应查看对侧悬臂收限位是否处于触发状态，若对侧悬臂收限位指示灯没亮，查明原因，排除即可。

4）小车运行：操作杆打向前，小车前行，小车在进入料仓以后当小车快到极限位置时请务必使小车以低速状态运行，直至小车定位限位触发，小车停止；操作杆打向后，小车后行，当小车快到料仓反方向悬臂时应使小车以低速状态运行，避免小车撞到悬臂，待小车运行到合适位置时松开操作杆，小车停止。

5）自动运行与手动运行的差别只在于大车运行方面，想要自动运行时首先在触摸屏上点动自动选择开关，自动指示灯亮，然后在系统选择菜单选择料仓，而后按下运行开关，运行指示灯亮，大车自动运行，达到选择的料仓后自动停车。

6）手动微调使用方法：手动微调用于大车自动运行时由于一些原因造成偏差导致大车悬臂无法放下时的调整，在触摸屏上找到手动微调按钮，按下手动微调按钮即可，在手动微调时需要把悬臂微微抬起一些(不触发悬臂放限位即可)以免悬臂与舱内支座发生摩擦损坏悬臂，另外，手动微调打开后，大车运行无快速。

7）讯响器使用方法：在希望大车运行时讯响器发出声光以作警示，可在触摸屏上点动讯响器按钮即可，如果不需要再次点动讯响器。

8）在触摸屏上还设有位置状态、整车状态、限位状态指示等菜单，可在需要时进行查看。

9）停车要求：自动停车后应关掉运行开关，以免大车运行误动作，每次选择料仓之前应点动一次仓位取消，以免大车运行停车失误。

第二部分　铀浓缩生产准备中级技能

第四章　供精贫准备工艺

第一节　供料系统

学习目标：通过学习，使学员掌握供料系统组成和供料净化工艺知识。

一、供料工艺简介

在铀浓缩工厂的供料工艺技术上，国内的扩散工厂采用 320 L 横隔板容器供料小室感应加热的方式；俄罗斯离心工厂采用的是 2.5 m^3 无隔板容器，也采用感应加热方式。感应线圈一般分为几段，多用低电压大电流加热，以提高加热效率。感应加热的优点是：金属材料的容器本体因涡流效应和磁滞效应（对铁磁体材料）发热，传热效率高；加热操作容易控制；用小室隔离，也比较安全。缺点是功率因数较低，尤其是对不锈钢容器，因不锈钢既不导磁，电阻率又高，功率因数更低；加热温度受电气绝缘材料的限制。如果在国际标准的卧式容器（如 48 型容器）上采用感应加热的方式，则结构相对较复杂，并且制造和运行维护的难度相对也大，制造和运行的成本也高。

压热罐是目前较为先进的技术。它具有加热效率高，控制方便和密封良好的特性，高效而安全。但压热罐结构较复杂，制造工艺要求高。采用压热罐对 48 型容器加热供料，据中核陕铀浓缩有限公司试验，48X 容器在压热罐内加热到 50 ℃，保温 16～18 h，其蒸发能力为 78 kg/h。到不能维持此蒸发能力时的残余量为 632 kg。如加热到 80 ℃，保温 48 h，使物料完全液化，则蒸发能力可达 156 kg/h，相应残余量为 810 kg。因此中核兰州铀浓缩有限公司离心工程设计时，供料采用 48 X 容器（装料量 9 000 kg 左右），装在压热罐内，电加热，为避免高温液化供料，采用双压热罐并联的供料单元设计和运行方式。在设计工况下，只需维持 50 ℃的温度，即可满足供料要求。对于兼顾工况，只要适当提高温度，而不必液化，也可满足供料要求。

二、供料系统组成和工艺流程

（以中核兰州铀浓缩有限公司离心工程供取料厂房为例说明）

1. 供料工艺流程

采用双压热罐并联运行方式。由 2 台压热罐、1 台保温箱组成 1 个供料单元。供料流程是:压热罐→过滤器→供料分干管→气动调节阀→供料干管(1♯、2♯MKK 管道)→供料调节器→离心级联。

供料单元的工艺流程如图 4-1 所示。

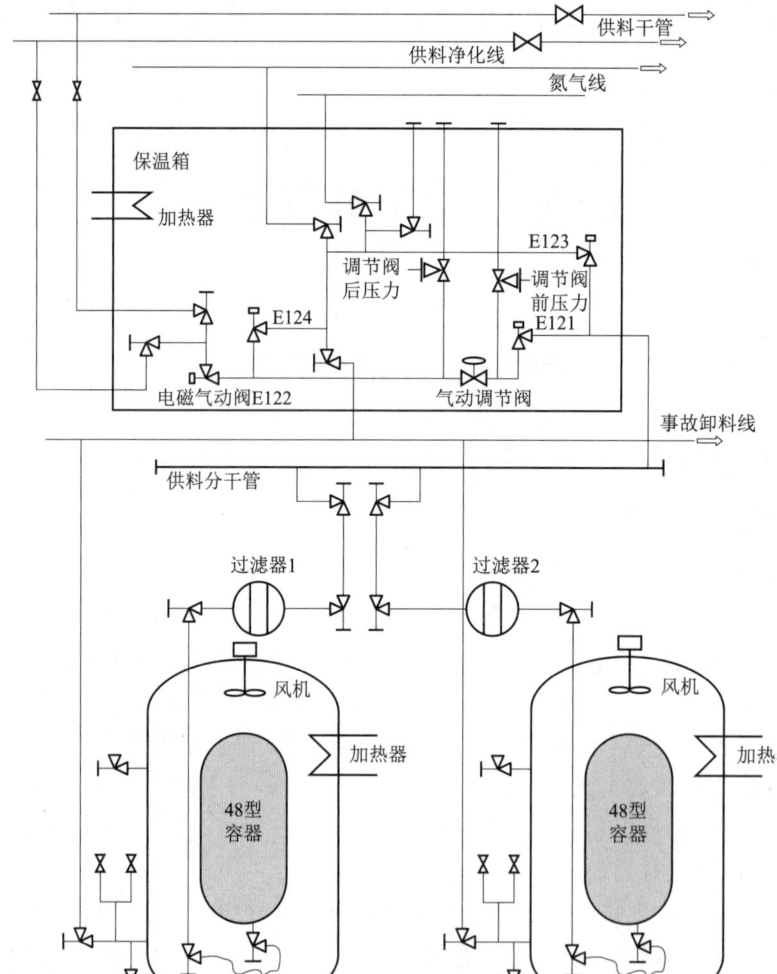

图 4-1 供料单元的工艺流程

正常供料时用气动调节阀前压力或容器加热温度控制供料压热罐的加热,使该压力维持在一定范围内,以保证气动调节阀正常运行。如果采用控制容器加热温度维持调节阀前压力,在容器蒸发供料过程中,需将温度控制值从 50 ℃逐步提高到 80 ℃。在一对工作容器维持供料的同时,必须另有一对已净化合格、试供料合格并保持 50～60 ℃恒温的热备用容器。在工作容器的蒸发量不能维持供料压力时,可自动投入工作。热备用供料单元的供料线路已全线连通,唯气动调节阀因其压力整定值低于工作单元的整定值而处于关闭状态。

一旦原工作单元的蒸发量不足以维持供料流量,气动调节阀后压力降至低于备用单元的整定值时,备用单元的气动调节阀自动打开,投入供料运行。

备用单元自动投入运行后,将其气动调节阀的压力整定值恢复到工作单元的整定值。原工作单元转入残量蒸发阶段，为促进蒸发，将其气动调节阀的压力整定值调高，使其全开，还可适当调高容器加热温度。在残量蒸发阶段，每隔 8～10 h 判断一次是否有料。无料后即退出运行，断开供料线路，打开压热罐密封门使容器降温。降到室温后，完成并进行以下工作过程：

1）连接管吹洗，容器拆装。

2）连接管真空测量。

3）室温净化合格。

4）关闭压热罐密封门，关闭闭锁球阀。

5）压热罐升温，控制升温速度不大于 10 ℃/h，升到 50～60 ℃维持恒温，使容器中的物料均匀受热。

6）高温净化容器中的物料。

7）高温净化合格判断。

8）闪蒸和试供料合格。

9）作为备用供料容器。

10）作为自动备用容器或热备用容器。

11）投入向级联的供料运行。

试供料是控制供料轻杂质的最后措施。将已经高温净化并闪蒸合格的备用容器中的物料经供料线路向工艺回路泄放 5 min，观察回路精料端机组的轻杂质仪表上升值，如果不超过规定值，为试供料合格。

热备用的容器在未投入运行前，须定时进行“闪蒸”，抽去物料上方的气体，以保证物料纯度。方法是打开通向净化线的电磁气动阀，不控制压力向净化系统泄放 5～10 s。

2. 供料系统组成

供料系统包括供料装置、供料净化装置和事故卸料系统三大部分。

（1）供料装置

1）供料装置由五个供料单元和两根供料干管等组成。每个供料单元包括两台压热罐（FY），两台供料过滤器（FL），一根供料分干管和一台保温箱（FB）。每台压热罐后连接一台供料过滤器，每个单元的两台压热罐、过滤器并联在一根分干管上，分干管与保温箱相连。每台保温箱中有一组控制供料和净化流程的电磁气动阀和手动角阀，以及一台控制供料压力的气动调节阀和一组温度、压力控制仪表。

2）五个供料单元相互并联，与两根供料干管（FG）相连，向离心级联供料。每个供料单元可单独向工艺回路供料或与工艺回路断开，也可以由两个或数个单元同时向工艺回路供料。两根供料干管可以同时运行或一根运行，另一根备用。

3）供料装置还设有干压缩空气线和各种自控仪表等设备。干压缩空气用于驱动电磁气动阀和气动调节阀。规定供气压力 0.6～0.8 MPa。干压缩空气由空压站供给，设有主线和备线两根干管。

（2）供料净化装置

按流程和装置的位置，供料净化可以分为净化主容器部分和净化抽气部分。

1）净化主容器部分：

① 供料净化主容器部分包括净化干管（FC），控制净化气体流量的一组三块孔板，两个供料净化 3 m^3 容器，蒸发干管（FE）。

② 两个供料净化 3 m^3 容器放置在冷风箱中,用(−25 ℃±3 ℃)循环冷风冷冻。冷风箱放置在一台电子秤上,可实时测量容器的装料量。供料净化容器装量达到规定装量时。拆下并换上新容器。

2) 净化抽气部分:

① 供料净化的抽气部分二期与三期共用,包括抽气干管(VF)、6 台 50 L 容器、蒸发干管(FE)、净化干管(FC)、6 台 24 L 容器、2 台真空机组和 1 套吸附过滤装置。

② 12 台 50 L 容器中,8 台用液氮冷却,4 台为冷升箱工作,冷却、蒸发交替工作。冷凝工作时,套上迪瓦瓶,用液氮吹冷迪瓦瓶中的冷却液体(丙酮),维持(−70±5) ℃的冷冻状态。蒸发工作时,套上电感应加热器进行加热。

③ 24 L 凝冻器,工作时用液氮直接冷冻。贫料净化时也使用此 6 台凝冻器。

④ 吸附过滤装置由一台吸附器和一台过滤器组成,用于保护真空机组不受六氟化铀、氟化氢等气体的腐蚀。

⑤ 供取料厂房真空系统共有 5 台真空机组。其中 4 台是 JZJ2H150 型罗茨泵-滑阀泵机组,1 台 H-150 滑阀泵。4 台罗茨泵相互备用,用于供、精、贫净化抽气,H-150 滑阀泵用于大量空气的抽空工作。

(3) 事故卸料系统

1) 事故卸料系统包括卸料干管(D)和与供料净化共用的 3 m^3 冷凝容器 FJ11A、FJ12A。卸料干管与压热罐,保温箱相连,并与净化干管(FC)并行。

2) 在压热罐中的容器或连接管发生破裂,工作气体大量泄漏时,使用事故卸料系统将泄漏的物料抽到冷冻的 3 m^3 容器中。

三、供料净化的基本原理

商用天然铀作为供料,其中的轻杂质主要是氟化氢和空气。在室温下,空气是“永久气体”,氟化氢的饱和蒸汽压远高于同一温度条件下的六氟化铀的饱和蒸汽压。由于作为级联供料的六氟化铀物料在生产和装瓶过程中已经进行了净化,原料中的轻杂质含量已得到一定的控制。轻杂质呈气态,大部分存在于物料层上方的空间中,少量夹杂在固体料层中。因此,从容器中抽去物料上方的气体,就可以使物料净化。

由于离心级联对轻杂质的敏感度较高,根据离心级联主设备对轻杂质的要求,供料流中轻杂质的含量应控制在体积百分数 0.1%以下。只在室温下用抽气的方式进行净化不易达标,必须将物料加热升温,使料层中夹杂的轻杂质逸出。如果将物料加热至液化,则可较彻底地驱除物料中的轻杂质。

供料净化的另一途径是利用轻杂质与六氟化铀分子量的巨大差异,用由少量扩散机组成的“净化级联”对供料进行净化。俄罗斯的离心工厂采用了这种净化方式。

四、净化操作

供料物料的净化分室温净化和高温净化两步进行。

1. 室温净化

室温净化线路:压热罐(FY)→过滤器(FL)→净化电磁气动阀(E123)→净化干管(FC)→1 m^3 容器(−23 ℃盐水冷冻)→50 L 容器(−80 ℃冷冻)→20 L 凝冻器(液氮冷

冻)→吸附器、过滤器→真空泵→酸雾净化塔→高效过滤器→放空。控制各级容器进口的压力,并根据这些压力判断净化气流中的轻杂质含量。至供料容器内部压力不超过室温下六氟化铀的饱和蒸汽压+0.6 kPa 为合格,通常需反复净化多次。

以下是室温净化的主要步骤。

1) 准备工作。检查局排系统工作正常,各级冷冻容器冷冻正常。启动真空泵,按净化线路的相反方向连接线路,对各级容器、干管进行抽空。1 m^3 容器以后各级容器压力抽到 100 Pa 以下;1 m^3 容器进口压力抽到 300 Pa 以下。

2) 连续净化线路连接(供料容器:FY11A;过滤器:FL11A;保温箱:FB11A;1 m^3 容器:FJ11A;50 L 容器:VF11A;20 L 容器:VF21A;真空泵:VB13A)。

检查打开 VB13M02,启动 VB13A;打开 VB13E01 电动阀、吸附过滤装置前后阀门、VB01P07;关闭 VB01M03、M04、M05、M06、M01;打开 VF21M02、VF21A 出口和进口阀、VF21M01、P03;关闭 VF21P04、P05 和其他 3 台 20 L 容器的支管阀门;打开 VF03M02、M01、P04;关闭 VF03M03、VF01M04;打开 VF11M03、VF11A 出口和进口阀门、VF11M02、M01、P05;关闭 VF11M04、P06、P07 和其他不工作的 50 L 容器连接管阀门;打开 VF01M02、Q01、P05;关闭 VF01M03;打开 FJ11M03、FJ11A 出口和进口阀、FJ11M02、E01、P06;关闭 FJ11M04、M05 和不工作的 1 m^3 容器支管阀;打开净化干管上的 FJ00M12、M11、M10、M09;关闭 FJ00M15、M16、M17、M18、M14、M13;打开 FJ00M01、P07;关闭 FJ00M03、M05、M04、M06 和各组孔板前后阀门;打开保温箱区的 FB11M10、Q08;关闭 FB11M11、Q09、Q01、Q03;打开压热罐区 FY11M02、M01、P04、P08、P09;关闭 FY11M03、P05、M06、M07、M10;打开过滤器区的 FL11M01、M02、P03、P04。

3) 开始净化:缓慢打开供料容器阀门,注意各级冷冻容器的进口压力。如果压力过高,应关小容器支管上的阀门加以控制。各级容器进口压力规定:

1 m^3 容器$\ngtr$3.0 kPa;

50 L 容器$\ngtr$0.8 kPa;

20 L 容器$\ngtr$0.4 kPa。

4) 净化过程中,酌情关闭 FL11M01,检查供料容器内部压力。压力低于当时室温下六氟化铀的饱和蒸汽压+0.6 kPa 为合格。

5) 净化结束,关闭容器本身阀门。线路抽空至净化干管压力$\ngtr$1.0 kPa 后,关闭 FB11Q08、FJ11E01,从 1 m^3 容器到 50 L 容器,20 L 容器,吸附、过滤装置逐级关闭进、出口阀门,停止真空泵。

6) 经 8～10 h 后,再次检查供料容器内部压力,并净化合格。如此反复,直至检查时饱和蒸汽压合格。

7) 如果首次检查容器内压不高于 40 kPa,可进行间断净化。将供料容器的净化气流向 1 m^3 容器(出口阀关闭)间断泄放,不控制压力,每次泄放 5～10 min。待净化气流在 1 m^3 容器中充分冷凝后,再向 50 L 容器,20 L 容器逐级泄放。最后启动真空泵抽空。每次泄放后,关闭 FLnnM01,检查饱和蒸汽压,直至合格。

8) 供料容器在室温净化合格后,升温前,按规定进行室温闪蒸。闪蒸线路与室温净化相同。闪蒸时打开容器本身阀,不控制压力,向 1 m^3 容器泄放 2～5 min 后关闭。

2. 高温净化

供料容器在室温净化合格后,须将容器加热升温至 50 ℃,在高温下进一步净化至符合对供料轻杂质含量的技术要求。

以下是高温净化的主要步骤:

1) 升温准备(以 FY11A 为例)。

检查关闭 FB11Q03、T02、Q08、Q09;打开 FB11Q01、P12,检查关闭 FY11M03,打开 FY11M01、M02 和容器阀门,打开 FL11M01、M02、P03、P04。安装好容器表面温度计。关闭压热罐密封门和闭锁球阀,与控制室核对关闭信号正确。

2) 检查压热罐各个温度,压力检测仪表工作正常,检查打开 FY11P08、P09、P04。

3) 启动循环风机,检查风机运行正常。

4) 开始加热。控制升温速率 10 ℃/h,在 30 ℃,40 ℃时,各维持恒温 1 h(以容器的表面温度为准)。

5) 将容器温度维持在 50 ℃,恒温 12 h 以上。升温和恒温过程中,注意监视容器内部压力和压热罐内空气压力。

6) 在压热罐开始加热的同时,接通保温箱、过滤器的加热。保温箱内的控制温度为 60 ℃;过滤器控制温度 50~60 ℃。接通从压热罐到保温箱的供料干管、分干管、支管的电伴加热,控制温度 70 ℃。

7) 高温净化线路举例:压热罐 FY11A→过滤器 FL11A→供料分干管→电磁气动阀 FB11Q01→气动调节阀 FB11T02→电磁气动阀 FB11Q09→净化干管 FC→孔板 FJ01A~FJ04A→1 m^3 容器 FJ11A→50 L 容器。

8) 启动 VB13A,按室温净化线路连至净化干管。孔板区打开 FJ00M05、M03,关闭 FJ00M01、M06、M04;打开选用孔板前后的截断阀和取压阀;关闭其他孔板前后的截断阀和取压阀;打开 FB11M10、Q09、Q01、P13,P12,关闭 FB11M11、Q03、Q08、M17、M16。抽空到 1 m^3 容器进口压力低于 300 Pa,关闭出口阀;至 50 L 容器进口压力低于 100 Pa 关闭出口阀。停止抽空,停真空泵。

9) 高温净化间断进行。容器恒温 12 h 以上,且内部压力达到 50 kPa 以上开始净化:打开 FB11Q09,打开气动调节阀 FB11T02,设定调节阀后压力,使孔板前压力为 6.8~7.0 kPa,向 1 m^3 容器泄放。注意维持孔板的声速条件。

在孔板前压力为 6.8~7.0 kPa 时,通过孔板的流量如表 4-1 所示。

表 4-1 孔板流量表

孔板编号	孔 径/mm	净 化 量/(kg/h)
FJ01A	9.222	10.0
FJ02A	12.957	20.0
FJ03A	18.268	40.0
FJ04A	25.845	80.0

注:净化量取流量按孔板系数 0.064,孔板前压力 52×133 Pa 计算。

10) 达到要求的净化量时,关闭 FB11T02。待 1 m^3 容器进口压力平衡后,打开出口阀向 50 L 容器、20 L 容器泄放。最后启动真空泵抽除空气。

五、净化容器中物料的回收

凝集在 1 m^3 容器中的物料回收。在容器工作期满后，从冷凝接点上拆下，安装到蒸发点上，用感应加热器（～220 V 电源）加热向冷水喷淋冷却的 48X 容器转移物料，淋水温度 6～8 ℃。蒸发点有两个。为加快转移，蒸发压力可提高到 40～60 kPa。蒸发管线设电伴加热，保持管道温度在 60 ℃以上。容器蒸发结束后，再装回冷凝点周转使用。48X 容器的受料量可由承载冷却箱的地上衡称量。装满料后，放到压热罐中向级联供料。

凝集在 50 L 容器中的物料回收。与 1 m^3 容器不同，50 L 容器是固定容器。在冷凝工作期满后，退下迪瓦瓶解冻，升温，再套上感应圈加热，经再蒸发线（FE）向冷冻的 1 m^3 容器倒料，完成物料回收。

第二节　精料系统

学习目标：通过学习，使学员掌握精料系统组成和精料净化知识。

一、精料系统组成和取料线路

（以中核兰州铀浓缩有限公司离心工程供取料厂房为例说明）

1. 组成

供取料厂房取精料的主要容器是 740 L 容器，该容器是国际标准的 30 B 容器的改型。两种容器的几何尺寸和外形基本相同。为取料时净化方便，增设了尾气管和尾气出口阀门。容器浸于盛有低温载冷剂的迪瓦瓶中进行收料，载冷剂是一定比例的盐（常用 $CaCl_2$）水溶液，通过盐水制冷机组将盐水温度制冷在－20～－30 ℃范围内，低温盐水在容器外循环制冷容器，当容器装量达到要求时，停止盐水循环并排空盐水对容器解冻，完成从级联的收料工作。取精料容器立式放置于迪瓦瓶中。为预防临界事故，容器外套了保护杯，杯中盐水量不超过 60 L。容器的工作压力依靠补压机来提供，运行中考虑到净化问题和安全运行问题，进口压力不大于 8.0 kPa。当容器进口压力达 8.0 kPa，根据工厂的运行经验，在流量为 2.3～2.4 g/s 的条件下，一次装料可达 2 000～2 200 kg 的规定装料量。

2. 精料系统正常取料线路

（1）精料干管和环形干管的阀门 PG00M01、M02，PG00M19、M20 关闭；PG00P03～P06，PG00M07～M18 全部打开。

（2）补压机区的所有手动阀打开，运行补压机出口电动阀 PYn1E03 打开；备用补压机出口电动阀 PYn1E03 关闭。

（3）工作容器的连接管电动阀 PRnnE01，手动阀 PRnnM02 及容器本身进、出口阀打开；出口连接管阀门 PRnnM03 和跨管阀门 PRnnM04 关闭。

（4）热备用容器进口连接管手动阀 PRnnM02 打开，电动阀 PRnnE01 关闭；出口连接管手动阀 PRnnM03 和跨管阀 PRnnM04 关闭，容器本身进、出口阀打开。

二、精料净化装置的组成

精料净化装置包括净化干管、再蒸发干管、5 台 50 L 容器(−80 ℃冷冻)、抽气干管、4 台 20 L 凝冻器、2 台 1.5 m^3空气缓冲罐和 2 台罗茨泵-滑阀泵真空机组。

从精料取料容器中抽取的净化气流,除了轻杂质(空气和 HF)以外,还含有少量精料产品。将净化气流分级冷凝,在 50 L 容器中截留 UF_6产品,在 20 L 凝冻器中截留 HF,用空气缓冲罐测量级联的空气漏量。

三、净化操作

1. 精料容器的净化前的准备工作和线路连接

1) 净化前检查 50 L 容器,20 L 凝冻器的冷冻温度及冷冻液面在规定范围内。

2) 线路连接:检查打开电磁气动阀 VP01Q01,手阀 VP01M02(或 M03);关闭 VP01M04。打开 50 L容器连接管 VP1nM01、M02、M03、P05 和容器进、出口阀,关闭 VP1nM04 阀;检查打开 VP03M01、M02(或 M03);打开 20 L 凝冻器连接管 VP2nM01、M02、P03 和容器进、出口阀。使精料净化的 50 L 容器、20 L 容器与工作的稳压罐连通。关闭稳压罐出口阀。

2. 净化操作

1) 在工作稳压罐的压力不大于 10 Pa 时,打开取料容器连接管 PRnnM03 阀,开始净化。净化过程中用 50 L 容器进口连接管 M01 阀门控制进口压力不大于 1.5 kPa,凝冻器进口压力不大于 400 Pa。

2) 净化进行到取料容器进口压力不再明显下降为止,并控制净化时间不超过 30 min。净化结束,关闭取料容器连接管 PRnnM03 阀。

3) 待压力平衡后,按稳压罐在净化过程中的压力升计算空气量。然后抽空稳压罐和净化干管。

4) 如果净化 30 min,容器进口压力下降小于 1.0 kPa,则停止净化,并转换到备用容器取料(需征得有关专业技术人员或总师的批准)。原工作容器维持冷冻,4 h 后转回充填,如此反复充填,直至装料量达到规定值。

5) 取料容器在充填过程中,当容器进口压力达到上限值时,转换到备用容器取料。充填容器维持冷冻 2 h 后,对内部抽空到 3.0 kPa 以下,抽空时间不超过 30 min。

四、净化量的计算

每次净化后,启动真空泵抽空缓冲罐,计算空气量。

在接有缓冲容器时,因缓冲容器经过净化干管与取料容器连接,运行中关闭净化干管上的电磁气动阀或 50 L 容器支管阀门。净化时打开该阀门。

净化时空气量的计算:

根据气体状态方程,空气量可用下式计算:

$$G = \frac{\Delta p V M}{R T} \tag{4-1}$$

式中:G——空气量,kg;

Δp——空气罐压力升高值，Pa；

$V=1.5\ m^3$，空气罐容积；

$T=298\ K$，空气温度；

$R=8\ 314/M$，气体常数；

$M=29$，空气的分子量。

因为空气罐压力升高值在现场测量，绝压变送器的量程是 0～6 kPa，用百分数显示。即 1%的显示值相当于 60 Pa。

如果空气量 G 用克计算，压力升 Δp 用百分数显示值计算，则：

$$G=\frac{1.5\times 29\times 60\times 1\ 000}{8\ 314\times 298}\Delta p=1.05\Delta p \tag{4-2}$$

五、净化方式

1. 间断净化

运行时取料的 740 L 容器尾气出口阀门关闭。待需要净化时才打开该阀门，引出净化气流。经已充分冷冻的 50 L 容器和凝冻器连到空气缓冲罐。

2. 连续净化

如果轻杂质比较多，间断净化太频繁，可进行连续净化。这时，从取料容器到空气缓冲罐全线连通，净化线上的各个容器维持正常冷冻。当空气缓冲罐中压力升到 200 Pa 时，进行自动切换、抽空。连续净化会有较多的精料被抽到 50 L 容器中，因此，运行中应尽可能采用间断净化的方法。

六、缓冲容器的使用

为减少间断净化次数，延长净化周期，用一台 740 L 空容器作为净化缓冲容器。缓冲容器正常冷冻，运行时经抽气线与取料容器的出口连通：打开取料容器的出口阀和连接管 PRnnM03 阀；打开缓冲容器连接管 PRnnM03、M04 和进、出口阀，关闭 PRnnM02、E01 阀。关闭 VP01Q01 阀。净化时，缓冲容器和连同取料容器经过净化线路抽空。

缓冲容器在取料方案转换的同时或按技术通知进行转换。拆下称重，并将其中的物料转移到 PR11A 中统一处理。

七、净化物料的回收

净化中抽到 50 L 容器中的精料，含有较多的轻杂质。在冷凝工作结束，解冻到室温，净化合格后，可经过再蒸发干管倒料至一个专用的 740 L 容器(PR11A)中，再进行集中处理。

由于精料轻杂质中氟化氢的含量较高，50 L 容器在净化过程中如果控制温度较低，而工作压力中氟化氢的分压高于该温度下氟化氢的饱和蒸汽压，就会冷凝大量的氟化氢。在容器解冻后会出现容器内部压力高于大气压及净化困难的情况。此时，可以将容器重新冷冻，在－50 ℃左右的温度下对容器抽空，将氟化氢转移到 20 L 凝冻器中。

为了避免氟化氢在 50 L 容器中大量积存，除了控制容器的冷冻温度和操作压力以外，在容器工作结束后，不要退下迪瓦瓶，任其缓慢解冻。并在容器温度回升到－50 ℃左右时，连通凝冻器进行抽空，待其中的氟化氢基本抽尽后，再解冻到室温。这种方法叫做“低温解冻净化”。

八、精料临界问题及预防

铀-235 的丰度在 1%以上的铀化合物都有临界问题。临界事故一旦发生，不仅造成产品损失，而且会对在场人员造成严重的辐射伤害。如果带料的精料容器破裂，盐水进入容器与六氟化铀发生化学反应，形成溶液。由于溶液中的大量氢离子的慢化作用，使铀自发裂变产生的中子慢化成热中子。当溶液中的氢铀比达到一定数值时，就会发生自持的中子链式反应，这就是临界事故。

为避免临界事故，必须最大限度地限制可能进入容器的盐水量。按照进入的盐水充分与最大装料量的六氟化铀发生反应并均匀混合可发生临界这一最极端的情况进行计算，允许进入容器的盐水量为 60 L。因此，在用盐水作冷却剂取精料时，使用了“保护杯”。保护杯是一个圆筒形无盖容器，使用时套在 740 L 容器上，放入盐水迪瓦瓶中。杯中的盐水限定为 60 L。为保证良好的传热，杯中的盐水液面必须淹没容器圆筒部分。保护杯的材料是黄铜，对盐水有良好的耐腐蚀性能。

随着科学技术的发展，风冷技术运用，可有效避免取精料临界产生。目前中核兰州铀浓缩有限公司已全部采用风冷技术取精料。

第三节　贫料系统

学习目标：通过学习，使学员掌握贫料系统组成和贫料净化知识。

一、贫料系统组成和取料线路

(以中核兰州铀浓缩有限公司离心工程供取料厂房为例说明)

1. 组成

供取料厂房取贫料的主要容器是 2.5 m^3 带尾气管、纵隔板容器，容器立式放置于迪瓦瓶中，采用氯化钙盐水(−20～−25 ℃)循环冷冻取料。容器浸于盛有低温载冷剂的迪瓦瓶中进行收料，载冷剂是一定比例的盐(常用 $CaCl_2$)水溶液，通过盐水制冷机组将盐水温度制冷在−20～−30 ℃范围内，低温盐水在容器外循环制冷容器，当容器装量达到要求时，停止盐水循环并排空盐水对容器解冻，完成从级联的收料工作。根据 2.5 m^3 容器试验结果，在收料流量为 8.0～9.0 g/s 时，经 2～3 次充填，装料量可达 9.5～10 t。容器的工作压力依靠补压机(OK-7/8)来提供，运行中考虑安全、稳定运行问题，当容器进口压力达 20.0 kPa，转换到备用容器运行，在原容器充分冷凝(6～8 h)后转回运行。

贫料干管在 01 大厅外两米处与离心级联的№4MKK 管道相连；环形干管分成 7 段，各段间用双阀断开，每段设 2 个 2.5 m^3 容器节点，为一组，共有 7 组贫料容器。每个容器进口连接管上，装有 1 台远控电动阀门(WRnnE01)和 1 台绝压变送器(量程 0～60 kPa)，可以通过控制室和现场监测容器进口压力，压力超限时发报警信号。

贫料系统由两根贫料干管、6 台 OK-7 补压机(每 2 台串联成 1 组，共 3 组并联)、环形干管、14 个 2.5 m^3 迪瓦瓶、14 台 2.5 m^3 容器及其连接支管组成；净化部分包括净化干管(WC)和与供料净化共用的 4 台 20 L 凝冻器，2 台真空机组。

因为贫料流量大，2.5 m^3容器的冷凝能力有限，所以，运行时，通常是3～4个容器并联取料，另设同样台数的容器作热备用，每个容器规定装料为9.5～10 t。一次运行往往达不到这个规定装料量，需要反复充填。即当容器运行压力上升到20～24 kPa时，转换到另一组容器取料，原容器维持冷冻若干小时后，再继续装料。厂房贫料干管补压机前压力规定值为不大于4.5 kPa；贫料容器的工作压力最高不超过24 kPa。贫料补压机运行方式：两组（每组2台补压机串联）并联运行，另一组备用，定期转换。

贫料料流中轻杂质很少，轻杂质主要来自容器、连接管抽空后的空气残压。运行中因物料积累，容器的冷凝能力下降，使其进口压力逐渐上升。当该压力升至约3.5 kPa（25～30 mmHg）时，进行净化或启动补压机运行。如果贫料运行压力从一开始就接近3.5 kPa，可以使补压机长期运行。

2. 贫料系统正常取料线路

1）环形干管上补压机旁通阀WG00M01、M02，连接供料事故卸料线的FJ00M17、M18阀门关闭，其余干管手阀全部打开。

2）补压机节点的所有手阀全部打开，运行补压机出口电动阀（WYn0E03）打开，备用组出口管线的电动阀关闭。

3）工作容器的连接管电动阀WRnnE01，手阀WRnnM02、P05及容器进、出口阀打开；连接管WRnnM03、M04阀关闭。

4）备用容器连接管WRnnM02、P05手阀打开，电动阀WRnnE01关闭；WRnnM03、M04手阀关闭，容器本身进、出口阀打开。

二、净化操作

贫料容器在正常取料过程中，一般不必净化。如果发现容器进口压力异常升高，轻杂质增多，应进行净化。

1）贫料容器的净化必须经过吸附过滤装置，并且不可与供料容器的净化同时进行。

2）净化前检查20 L凝冻器的液氮液面在淹没容器高度1/3～1/2的范围内。启动VB13A（或VB14A）真空泵，运转正常后，检查关闭VB01M01，打开过滤器和吸附器前后阀门，打开20 L凝冻器进、出口阀和连接管阀门，检查关闭供料净化用50 L容器出口阀和连接管VF1nM03阀，关闭VF01M04，检查打开VF03M01和VF03M02（或VF03M03），进行抽空。

3）打开要净化容器出口连接管阀门WRnnM03，抽空净化10～15 min。净化过程中控制20 L容器进口压力不大于800 Pa。

4）净化结束，关闭2.5 m^3容器出口连接管阀WRnnM03。

5）容器首次充填装料前，应进行净化，操作同上。

三、缓冲容器的使用

1）贫料正常取料周转使用第2组至第7组容器，第1组WR11A和WR12A用作缓冲容器。

2）在贫料容器不带本身阀门拆下前和封堵盲板后对容器内部抽空时，为了有效拦截工作气体，应使用缓冲容器。

3）缓冲容器的使用方法。打开缓冲容器连接支管上的 WRnnM03、M04 和容器进、出口阀门；关闭 WRnnE01、M02 阀门；关闭 VF03M01，将抽空容器中的气体经净化干管泄放到缓冲容器中。

4）缓冲容器使用前，将内部压力抽空到 600 Pa 以下。在抽空容器向缓冲容器泄放 30 min，待工作气体在缓冲容器中尽量冷凝后，对缓冲容器经过吸附过滤装置进行抽空。

5）缓冲容器按技术通知进行转换。原缓冲容器可以作为空容器收取贫料。

四、凝冻器中空气液化的可能性和预防

凝冻器用液氮直接冷冻，温度为 77 K。如果容器中空气压力过高，可能使空气液化。冷凝了液态空气的凝冻器如果在关闭阀门的状态下解冻，可能产生极高的压力，发生危险。

空气在凝冻器中液化的条件。

根据《深冷手册》，设空气为氧-氮二元系统，查氧-氮系统的 y-T 图。在氧含量为 $y=0.21$，温度为 $T=77$ K 时，空气液化的条件为：$p=0.6$ 绝对大气压(58.7 kPa)；初凝液中的氧含量为 $x_{=}0.56$。图 4-2 是氧-氮二元系统在压力为 60 kPa 时的气-液平衡图。

在压力 $p=60$ kPa 时，空气(氧含量 21%)的温度沿 a-b 线下降，至 b 点与气相线相交，$T=77$ K，出现初凝液。其组分为液相线上的 c 点，即含氧量 56%。

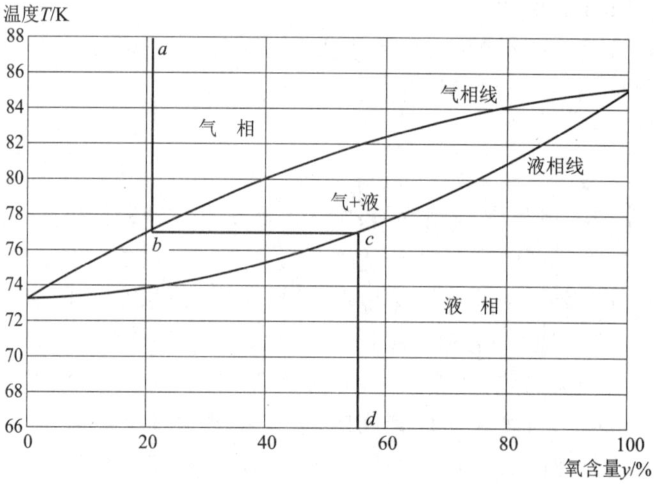

图 4-2　氧-氮二元系统气液平衡图($p=60$ kPa)

在正常运行时，凝冻器中的压力不会达到 50 kPa 以上的压力，不具备空气液化的条件。但是，如果操作不当或因凝冻器本身阀门通道泄漏，造成冷冻状态下的凝冻器破空，就有可能满足空气液化的条件，解冻时就会有高压危险。

为防止空气冷凝，一是在凝冻器解冻前对内部抽空，解冻中检查阀门通道；二是如果凝冻器本身阀门通道泄漏，而且必须在冷冻条件下拆下，拆下后应在预先配置好的－80 ℃冷冻液中，在排风罩下打开阀门，进行“除氧”30 min。然后关闭阀门，用盲板或堵头封堵，再解冻到室温。

第五章　放射性废液、废水处理

第一节　放射性废液处理

学习目标:通过学习,使学员掌握放射性废液处理操作要求。

一、准备工作

(以中核兰州铀浓缩有限公司放射性废液处理为例说明)

1) 检查通排风、水、电、压缩空气、真空系统等处于备用状态。

2) 检查所用设备、管道、阀门等完整好用。

3) 检查各种试剂槽、扬液器、储槽等试剂准备充足。

4) 配备好工具、辅助材料及防护用品。

二、溶液接收

1. 16#接收外单位的溶液

根据送液单位的交接单,详细核实每桶溶液的组别、类别、铀含量、氟离子浓度、体积及碱度,并计算总铀量及^{235}U总量,每台设备内^{235}U总量不得超过350 g。

2. 扬液器A-2/2接收

将胶皮管插入溶液槽车内,管口离槽车底部约10㎝。液A-2/2扬液器处于备用状态:关闭放空阀B-15/1,打开真空阀B-12/1、入口阀B-1/4及总阀B-1/1,把槽车内溶液抽入扬液器。当抽至扬液器高液面(或槽车内溶液抽空)时,停止转移。拔出胶皮管抽干后放在指定位置。关闭总阀B-1/1、入口阀B-1/4及真空阀B-12/1,打开放空阀。

3. 接收废水岗位的再生液、水洗液

打开水-20扬液器的总阀B-1/35及去碳器液-6/1或(液-6/2)的入口阀B-1/33或B-1/34,将再生液、水洗液接收到去碳器液-6/1或液-6/2内。当接收16#库送来溶液时,打开去碳器液-6/1或液-6/2的入口阀B-1/33或B-1/34及总阀B-1/35,将溶液接收入液-6/1或(液-6/2)。当去碳器高液面信号灯亮时,停止接收,关闭总阀B-1/35及相应去碳器的入口阀B-1/33或B-1/34,通知废水岗位停止输送。

三、酸化去碳

1. 去碳操作

打开液-6/1～2的0.08 MPa(表压)压空阀B-6/13(或B-6/14)搅拌2～5 min后停止搅拌,由手孔处取样分析铀、氟、碱含量,然后拧紧手孔盖。根据碱度查所需硫酸量,打开0.08 MPa压空阀B-6/13(或B-6/14)搅拌,打开液-6/1～2的硫酸入口阀B-20/4(或

B-20/5),打开硫酸计量槽液-7 的出口阀 B-20/3,将所需硫酸缓缓加入液-6/1～2 中。硫酸加够量后,关闭液-7 的出口阀 B-20/3,关闭液-6/1～2 的硫酸入口阀 B-20/4(或 B-20/5)。当分析溶液中硫酸含量为 3～6 g/L 时,开始去碳。当溶液中 F^- >3 g/L,须加络合剂硫酸铝,Al/F^- =0.15～0.2 M,并调整酸度为 6～10 g/L。去碳完毕,停止搅拌。打开手孔盖,取样分析去碳后铀含量应小于 50 mg/L。去碳后酸液用过滤器液-3/1～2 及扬液器液-4/1～2 进行过滤。

2. 去碳后酸液过滤(以-3/1 及液-4/1 为例)

与过滤、输送岗位联系,启动液-3/1 及液-4/1:在过滤器上铺好滤布及滤纸,压紧上盖。关闭液-4/1 放空阀 B-15/13,打开真空阀 B-12/13 及入口阀 B-2/2。打开去碳器手孔盖,把橡皮管插入液-6/1～2 中打开 B-1/1 阀门,进行过滤。过滤后,拔出胶管抽干,盖好手孔盖。关闭液-4/1 真空阀 B-12/13、入口阀 B-2/2、及 B-1/1 阀门,打开放空阀 B-15/3。滤液送至真空槽液-8 中:关闭-8 底部出口 B-2/5,打开入口阀 B-2/4,通知二楼输送:关闭液-4/1 放空阀 B-15/13,打开出口阀 B-2/3 及压空阀 B-5/13,将滤液送入液-8 中。当液-4/1 送空(或液-8 达高液面)后,停止转移,关闭液-4/1 的压空阀 B-5/13,打开放空阀 B-15/13,稍停,最后关闭出口阀 B-2/3,并通知去碳岗位,关闭液-8 入口阀 B-2/4。打开液-8 底部出口阀 B-2/5,溶液自动流入萃原液储槽内。当液-8 放完(或当萃原液储槽高液面指针指到一定位置时),关闭液-8 出口阀 B-2/5。

四、萃取

1. 开车前的准备工作

1) 清除萃取槽内杂物,检查槽内完好情况,检查各搅拌轴及涡轮好用。

2) 检查电器、仪表完好。

3) 检查各个搅拌装置的润滑情况,皮带松紧,手盘车灵活,点试并空转十分钟,检查转向正确,各转动部分无异常。

4) 检查旁通阀、管线无滴漏,关闭所有进、出口阀。

2. 备料试车

1) 用酸化水(含硫酸 3～6 g/L)填槽至 2/5 处,然后用有机相填至槽的 4/5 处。

2) 启动萃取槽搅拌,通知二楼启动萃取原液的液下泵,将原液送至三楼原液高位槽内,并注意观察液面情况,然后开萃取原液入口阀 B-2/6,调节转子流量计内浮子端面至 600～800 L/h 流量刻度。

3) 启动有机相储槽的液下泵将有机相送至三楼有机相高位槽内,然后开有机相入口阀 B-3/1,按照萃取流比,调至适宜流量。

4) 打开萃余水出口阀 B-2/9,通过有机玻璃液面计注意观察萃取槽内相界面高低。

5) 打开饱和有机相出口阀 B-3/2。

6) 通过萃取槽内旁通阀调节各段相界面(特别是余水出口处相界面),调节各段液面(主要是原液入口处液面)直至稳定。

3. 正常开车操作

1) 启动萃取槽搅拌,启动热水箱电加热系统,当水温达到(50±2) ℃时,启动热水箱上的泵。

2）通知二楼启动萃取原液槽及有机相槽的液下泵输入溶液。

3）打开有机相入口阀 B-3/1，萃取原液入口阀 B-2/6，然后打开萃余水出口阀 B-2/9，饱和有机相出口阀 B-3/2。

4）按工艺要求将萃取原液调至 600～800 L/h 流量，按萃取流比 水相/有机相＝(3～10)/1 将有机相流量调至适宜数值。

5）调整好各段相界面。

4. 正常运行及设备维护

1）经常检查设备的运行情况，使其处于良好状态。

2）经常巡视各段液面及相界面的高低。控制萃取相比为水相/有机相＝1/(1～1.3)。

3）经常巡视萃原液及有机相入口流量，调节阀门应缓慢。

4）每 1 小时分析一次萃余水铀含量，并控制萃余水铀含量≤1 mg/L。

5. 停车操作

1）通知二楼输送岗位停止输送，待萃取原液及有机相高位槽排空后停车。

2）关闭萃取原液入口阀 B-2/6、有机相入口阀 B-3/1 及萃余水出口阀 B-2/9、饱和有机相出口阀 B-3/2。停止搅拌。

3）检查萃余水出口阀 B-2/9 应关紧，出口处槽内相界面不得低于有机玻璃液面计下缘。

4）二楼每班由余水槽取样分析铀含量，若 U≤2 mg/L（内控 U≤1 mg/L）则抽至扬液器液-12/2 中送废水岗位水-10/1～2 处理。操作如下：关闭液-12/2 的放空阀 B-15/15，打开真空阀 B-12/15 及入口阀 B-2/8，将余水槽中余水抽入液-12/2 中，当液-12/2 高液面（或余水槽抽空）后停止转移，关闭液-12/2 的真空阀 B-12/15 及入口阀 B-2/8，打开放空阀 B-15/15。输送时通知废水二楼接收余水，关闭液-12/2 的放空阀 B-15/15，打开出口阀 B-2/10 及压空阀 B-5/15，将余水送入水-10/1～2 中。液-12/2 送空后，关闭压空阀 B-5/15，打开放空阀 B-15/15，关闭出口阀 B-2/10，并通知废水二楼停止接收余水。

当余水槽中余水分析 U＞2 mg/L 须返回萃取原液槽重新处理。返水操作：关闭液-12/2 的放空阀 B-15/15，打开出口阀 B-2/12 及压空阀 B-5/15，将不合格余水送入萃取原液槽内，液-12/2 返空（萃原液储槽达高液面）后停止返水，关闭液-12/2 的压空阀 B-5/15 及出口阀 B-2/13，打开放空阀 B-15/15。

5）扬液器液-12/2 中的余水必须联系尽快送出，不得残留。

五、反萃取

1. 开车前的准备工作

（1）配制好碳酸铵反萃取剂（以配制 300 L 为例）

1）打开水阀，往碳酸铵配置槽内加入水 230 L，关闭水阀。

2）启动电机进行搅拌。打开手孔盖缓慢加入工业级碳酸氢铵 89 kg，加完后将手孔盖盖好。

3）查表 5-1，打开氨水计量槽（液-10）的出口阀 B-23/3，加入工业氨水 97 L，加完后关闭出口阀 B-23/3。

4）继续搅拌 1 h 后，取样分析碳酸铵浓度。

5）如果碳酸铵浓度达到 200～250 g/L 后备用，如不符则按表 5-1、表 5-2 进行补加碳酸氢铵和氨水。

表 5-1　配制碳酸铵母液

序　号	配制母液量/L	碳酸氢铵/kg	氨　水/L	水/L
1	50	15	16	34
2	100	29	33	67
3	150	44	49	161
4	200	59	65	135
5	250	74	81	169
6	300	89	97	203
7	350	104	113	237
8	400	119	129	271

表 5-2　母液中补加工业级碳酸氢铵及氨水量(以 200 L 母液计)

序　号	碳酸铵浓度/(g/L)	碳酸氢铵/kg	氨　水/L
1	90	38	42
2	100	35	40
3	110	33	37
4	120	31	34
5	130	28	32
6	140	26	29
7	150	24	26
8	160	21	24
9	170	19	21
10	180	17	18
11	190	14	16
12	200	12	13
13	210	9	10
14	220	7	8
15	230	5	5
16	240	2	3

(2) 检查

1）检查反萃取槽地脚螺丝应牢固，导流筒应放正，桨叶不得刮碰导流筒。

2）检查皮带松紧，手盘车灵活，装好安全罩，点试并空转。观察转向正确，不刮碰导流筒。

3）检查与二级澄清槽、酸洗槽连接的管道应保持通畅。

4）将热水槽内水加热至(50±2) ℃备用。

(3) 输送

关闭碳酸铵输送扬液器液-13的放空阀B-15/18，打开真空阀B-12/18，入口阀B-4/1，将配制好的碳酸铵反萃取剂由碳酸铵配制槽抽入扬液器液-13内，然后关闭扬液器入口阀B-4/1及真空阀B-12/18，打开放空阀B-15/18，待放空后关闭此阀。打开扬液器出口阀B-4/2及T-5压缩空气阀B-5/18，每班将一定量的(约80 ml)反萃取剂送入碳酸铵高位槽。

2. 开车操作

1）向反萃取槽内加入碳酸铵溶液约30 L，打开电加热器对对热水槽内水进行加热。生产过程中要巡回检查，使水箱内水接近满槽。

2）启动热水槽水泵，将循环热水送入反萃取槽夹套及饱和有机相预热器。

3）启动反萃取槽搅拌。

4）反萃取槽内温度达到40 ℃左右即打开萃取槽的饱和有机相出口阀B-3/2，打开反萃取剂阀B-4/3，按反萃取相比反萃取剂/有机相=(1～1.3)/1的流量。并保证碳酸铵溶液为连续相。

3. 正常运行及设备维护

1）经常检查液面高度，防止冒槽。

2）经常检查饱和有机相及反萃取剂出口以防断流。

3）检查搅拌正常。

4）检查反萃取槽澄清室和二级澄清槽下部无“131”堵塞现象，二级澄清槽内液面应齐平。

5）打开反萃取槽底部出口阀B-4/4，把晶体及母液放入“131”过滤器抽滤。每班必须对反萃取后的“131”过滤1～2次，其操作如下：

① 在“131”过滤器上铺好滤布。

② 关闭扬液器液-131/2的放空阀B-15/16，打开真空阀B-12/16及入口阀B-4/5。

③ 缓慢打开反萃取槽的出口阀B-4/4，当观察到无晶体流出时，关闭出口阀B-4/4。

将“131”过滤器上的母液抽干。关闭液-131/2的真空阀B-12/16及入口阀B-4/5，打开放空阀B-15/16。

将“131”晶体用铲子装入容器中，取样分析杂质含量，当超过内控标准时，送净-22中加硫酸溶液返回重新萃取。

④ 当液-131/2的母液装满后，关闭放空阀B-15/16，打开出口阀B-4/6及压空阀B-5/16(控制压力小于0.2 MPa)，将母液转入碳酸铵配制槽。

⑤ 母液经多次循环使用后，如发现颜色变浑浊，机械杂质增多，影响到产品质量时，可将母液部分或全部丢弃，配制新的反萃取剂。

4.“131”除钼

1）“131”晶体(干燥)样，分析钼含量如超过标准(Mo>20 PPM)，必须进行除钼。

2）在塑料桶内，配制40%$(NH_4)_2CO_3$和20%的NH_4OH混合液10 L。

3）将不合格的“131”晶体10 kg倒入塑料桶，人工搅拌片刻，待过滤。

4）关闭液-131/2 的放空阀 B-15/16，打开真空阀 B-12/16 及入口阀 B-4/5。

5）将塑料桶中已清洗过的“131”连同液体一起倒入“131”晶体过滤器，抽干。

6）闭液-131/2 的真空阀 B-12/16 及入口阀 B-4/5，打开放空阀 B-15/16。

7）将过滤器中的“131”晶体铲入储存容器内。

5. 停车操作

1）临时停车，关闭饱有进口阀 B-3/2 及碳酸铵溶液入口阀 B-4/3，热水泵继续循环。

2）正常停车：

① 停热水泵，不再往反萃取槽夹套及饱有预热器送热水。检查冷凝水阀 B-42/2 应关闭。

② 先关闭饱有阀 B-3/2，后关闭反萃取剂阀 B-4/3。

③ 停止反萃取槽搅拌。

3）长期停车

需把萃取槽内物料排空。方法是加入碳酸铵溶液把贫有机相置换出来，然后关闭反萃取剂入口阀 B-4/3。槽内物料可由底阀 B-4/4 排出，放完后关闭出口阀 B-4/4。

6. 贫有机相酸洗

1）每月分析一次贫有机相中铀含量，当铀含量大于 100 mg/L 时，要进行酸洗。

2）在 317 房间用塑料桶配制 2%硫酸溶液 200 L。

3）启动酸洗槽(液-9/1)电机对槽内贫有机相进行搅拌。

4）打开液-9/1 的手孔盖将已配制好的稀硫酸缓慢倒入酸洗槽中，倒完后，盖好手孔盖。

5）搅拌 10 min，停止搅拌，静置分层，1 h 后，取样分析贫有机相中铀含量，当铀含量小于 25 mg/L 时，为酸洗合格。否则，再加稀硫酸 200 L，重新酸洗。

6）打开液-9/1 的出口伐 B-3/3 和窥视镜的入口阀 B-2/11，然后缓慢打开出口阀 B-2/12，将酸洗液放入萃取原液储槽。

7）观察窥视镜，发现有机相流出时，立即关闭窥视镜的出口阀 B-2/12。

8）开 B-3/4 阀，将有机相放入有机相储槽，放完后，关闭阀 B-3/4、B-3/3、及 B-2/11。

7. 转移扬液器液-15 的用法

通知三楼将抽贫有机相的胶皮管插入液-9/1 中，打开 B-3/4 阀门，关闭液-15 的放空阀 B-15/17，打开真空阀 B-12/17，控制真空度低于 26.7 kPa，将橡皮管接在液-9/1 至有机相储槽入口管处，打开液-15 转移扬液器的入口阀 B-3/5，待有机相流出后立即移开橡皮管，则液-9/1 中的有机相自流入有机相储槽中时，关闭液-15 的真空阀 B-12/17 及入口阀 B-3/5，打开放空阀 B-15/17。待有机相储槽内有一定体积的有机相(或液-9/1 抽空后)，拔出液-9/1 手孔处的橡皮管，停止转移。

第二节　放射性废水处理

学习目标：通过学习，使学员掌握放射性废水处理操作要求。

一、准备工作

(以中核兰州铀浓缩有限公司放射性废液处理为例说明)

1）检查通排风、水、电、压缩空气、真空系统等处于备用状态。

2）检查所用设备、管道、阀门等完整好用。

3）检查各种试剂槽、扬液器、储槽等试剂准备充足。

4）配备好工具、辅助材料及防护用品。

二、废水的接收

检查送入本工段的废水的水质，符合工艺标准时方可接收。

1. 扬液器水 A-2/1 接收

将水 A-2/1 入口总阀 B-19/1 所连接橡皮管插入废水槽车，关闭放空阀 B-15/1，打开真空阀 B-12/1 及入口阀 B-19/2，待压力表显示负压时，打开入口总阀 B-19/1，将废水抽至水 A-2/1 中。当水 A-2/1 中达高液面或槽车废水抽空后将橡皮管拔出抽干并放至指定位置，关闭入口总阀 B-19/1、入口阀 B-19/2 及真空阀 B-12/1，打开放空阀。

2. 接收 16＃库废水

首先将槽车内废水抽至扬液器 A-2/1 中，关闭扬液器 A-2/1 放空阀 B-15/1，打开真空阀 B-12/1 及入口阀 B-19/2，将废水抽至水 A-2/1 中。当 A-2/1 中达高液面后，停止接收，关闭入口阀 B-19/2 及真空阀 B-12/1，打开放空阀 B-15/1，再转入 3＃大罐内存放。本厂房地漏水流入 385 槽，再由试-3 送 16＃库 4＃、5＃大罐存放。

三、混合器接收废水

1. 接收水 A-2/1 废水

打开混合器水-6/1～2(或水-06)总阀 B-19/4 及水-6/1～2 入口阀 B-19/5，打开水-6/1～2(或水-06)入口阀 B-19/6、B-19/7(或 B-19/18)，联系一楼输送：关闭水 A-2/1 放空阀 B-15/1，打开出口阀 B-19/3 及压空阀 B-5/1 输送。当混合器高液面信号灯亮时或水 A-2/1 送空后，关闭混合器水-6/1～2(或水-06)总阀及水-6/1～2 入口阀 B-19/5，关闭水-6/1～2(或水-06)入口阀 B-19/6、B-19/7(或 B-19/18)，通知一楼停止输送：关闭水 A-2/1 压空阀 B-5/1，打开放空阀 B-15/1，最后关闭出口阀 B-19/3。

2. 接收 16＃废水

先通知一楼将 16＃库 3＃、4＃、或 5＃大罐的废水抽至扬液器 A-2/1 中，再由 A-2/1 将废水送入混合器水-6/1～2(或水-06)中。

3. 改善“385”水质的操作

当“385”水质不好，又黑又臭，并含有有机相及油类杂质时，需进行处理，处理方法：

1）用 pH 试纸检测废水 pH 应大于 10。

2）按比例称取硫酸亚铁及高锰酸钾，倒入事先准备的桶内，加水共溶并搅拌至糊状黏稠液作为凝聚剂。

3）将凝聚剂加入废水中，用 0.08 MPa 的压缩空气搅拌，搅拌时间不得超过 4 min。

4）混合清静置 0.5 h 后，观察水色已澄清透明时，凝聚合格。

5）加入量：在 16＃库 4＃、5＃大罐中净化时，每罐废水加入硫酸亚铁 23 kg 和高锰酸钾 1.5 kg。

6）分析项目:由混合器手孔取样,送分析室分析铀、氟、氯、碱的含量。

四、过滤

1. 依据

进入吸附塔前废水控制参数,核实混合器内废水取样分析结果,通过计算确定废水过滤的体积量,然后进行过滤操作。

2. 水-7/1～2 过滤操作

关闭扬液器水-8/1～2(或水-08/1)的放空阀 B-15/8、B-15/9(或 B-15/10),打开真空阀 B-12/8、B-12/9(或 B-12/10)及入口阀 B-19/39,B-19/40(或 B-19/41),打开过滤器水-7/1～2 出口阀 B-19/34、B-19/35,抽至真空度 400 mmHg 时,打开混合器水-6/1～2 出口总阀 B-19/32,打开水-6/1～2(或水-06)的出口阀 B-19/29、B-19/30(或 B-19/33)放过滤,打开过滤器上的放空阀,待放空阀有废水冒出时,立即关闭放空阀。混合器的废液过滤完或扬液器已达高液面时,关闭混合器出口阀 B-19/29、B-19/30(或 B-19/33),结束过滤。开过滤器上的放空阀,抽干过滤器内废水,关闭过滤器水-7/1～2 出口阀 B-19/34、B-19/35。关闭扬液器水-8/1～2(或水-08/1)入口阀 B-19/39,B-19/40(或 B-19/41)及真空阀 B-12/8、B-12/9(或 B-12/10),打开放空阀 B-15/8、B-15/9(或 B-15/10)。

过滤结束后,打开过滤器上盖,将滤纸滤渣放入污物桶内,滤布清洗后继续使用。

3. 过滤过程中更换滤布的操作

过滤过程中更换滤布时,通知三楼关闭混合器水-6/1～2(或水-06)的出口阀 B-19/29、B-19/30(或 B-19/33),稍开过滤器上的放空阀,将废水抽干,关闭过滤器出口阀 B-19/34、B-19/35,即可更换滤纸、滤布。更换完毕,通知三楼放水,待放空阀有废水冒出时,立即关闭此阀门,打开过滤器出口阀 B-19/34、B-19/35 继续过滤。

五、吸附

1. 水-8/1～2 吸附操作

1）关闭水-8/1～2 放空阀 B-15/8(或 B-15/9),打开压空阀 B-5/8(或 B-5/9)及出口阀 B-19/44(或 B-19/45),调节输送压力在 0.2～0.3 MPa(表压)。

2）通知一楼打开扬液器水-01(或水-02)的放空阀 B-15/2(或 B-15/3)及入口阀 B-19/125(或 B-19/124)接收吸附尾水。

3）通知三楼开吸附,对水-9/1～3、水-09/1～3 及水-09/4～5 三组塔分别进行吸附操作,水-9/1～3 吸附操作:

① 首次吸附。打开转子流量计入口阀 B-19/61、B-19/62,控制流量 400～600 L/h,打开水-9/1 入口阀 B-19/65 将废水送至水-9/1 内,打开溢流阀 B-19/81,由窥视镜观察里面若有水溢流下来说明塔内已灌满废水。关闭溢流阀 B-19/81,打开水-9/1 出口阀 B-19/66 及水-9/2 入口阀 B-19/67,将废水送至水-9/2 内。打开水-9/2 溢流阀 B-19/82,由窥视镜观察里面若有水溢流下来说明塔内已灌满废水。关闭溢流阀 B-19/82,打开水-9/2 出口阀 B-19/68 及水-9/3 入口阀 B-19/69,将废水送至水-9/3 内。打开水-9/3 溢流阀 B-19/83,由窥视镜观察里面若有水溢流下来,关闭溢流阀 B-19/83,打开水-9/3 出口阀 B-19/70,尾水流入

水-01(或水-02)中,通过出口阀 B-19/70 控制塔出口压力,使塔入口流量稳定在 400～600 L/h。

停止吸附时,关闭尾塔出口阀 B-19/70 及转子流量计入口阀 B-19/61,其他阀门可不动。通知二楼停止输送:关闭水-8/1～2 压空阀 B-5/8(或 B-5/9),打开放空阀 B-15/8(或 B-15/8),最后关闭出口阀 B-19/44(或 B-19/45)。通知一楼关闭扬液器水-01(或水-02)的入口阀 B-19/125(或 B-19/124)。

② 正常吸附。通知一楼打开扬液器水-01(或水-02)的放空阀 B-15/2(或 B-15/3)及入口阀 B-19/125(或 B-19/124)接收吸附尾水。

通知二楼输送废水,三楼打开转子流量计入口阀 B-19/61 及尾塔出口阀 B-19/70,按工艺要求调节控制流量和压力进行吸附。吸附半小时后,取样分析首塔入口及尾塔出口废水铀含量 U≤1 mg/L 为合格,若不合格,则调整吸附流量或压力,定时打开各塔溢流阀检查塔内情况,以防塔流空。当水-01(或水-02)接收约 1 850 L 废水后停止吸附或转换扬液器继续吸附。

停吸附时,关闭尾塔出口阀 B-19/70 及转子流量计入口阀 B-19/61,通知二楼停止输送,一楼关闭扬液器水-01(或水-02)的入口阀 B-19/125(或 B-19/124)。

③ 甩塔操作。甩掉水-9/1 操作:关闭水-9/1 入口阀 B-19/65,打开旁通阀 B-19/71 及水-9/2 入口阀 B-19/67,则水可直接进入水-9/2 塔内。

甩掉水-9/1～2 操作:关闭水-9/1～2 入口阀 B-19/65 及 B-19/67,打开旁通阀 B-19/71、B-19/72、B-19/73 及水-9/3 入口阀 B-19/69,则水可直接进入水-9/3 塔内。

水-09/1～3 及水-09/4～5 塔吸附操作可参照水-9/1～3 吸附。

2. 水-08/1 吸附操作

1) 关闭水-08/1 放空阀 B-15/10,打开压空阀 B-5/10 及出口阀 B-19/47、B-19/48,调节输送压力在 0.2～0.3 MPa(表压)。

2) 通知一楼打开扬液器水-01(或水-02)的放空阀 B-15/2(或 B-15/3)及入口阀 B-19/125(或 B-19/124)接收吸附尾水。

3) 通知三楼开总阀 B-19/80(此阀可常开),然后各塔进行吸附操作,水-09/4～5 吸附操作。

① 首次吸附。打开转子流量计入口阀 B-19/50、B-19/51,将水送至水-09/4 塔内,打开其放空阀 B-15/15,由窥视镜观察里面若有水溢流下来说明塔内已灌满废水。关闭放空阀 B-15/15,打开水-09/4 出口阀及水-09/5 入口阀 B-19/52,将废水送至水-09/5 内。打开其放空阀 B-15/16,由窥视镜观察里面若有水溢流下来,关闭阀 B-15/16,打开水-09/5 出口阀 B-19/53、B-19/54 及总阀 B-19/79、B-19/100,尾水流入水-01(或水-02)中,通过出口阀 B-19/53 控制塔出口压力,使塔入口流量稳定在 600～900 L/h。

停止吸附时,关闭尾塔出口阀 B-19/53 及转子流量计入口阀 B-19/50,通知二楼停止输送:关闭水-08 压空阀 B-5/10,打开放空阀 B-15/10,最后关闭出口阀 B-19/47 及 B-19/48。通知一楼关闭扬液器水-01(或水-02)的入口阀 B-19/125(或 B-19/124)。

② 正常吸附。通知一楼打开扬液器水-01(或水-02)的放空阀 B-15/2(或 B-15/3)及入口阀 B-19/125(或 B-19/124)接收吸附尾水。

通知二楼输送废水。三楼打开转子流量计入口阀 B-19/50 及尾塔出口阀 B-19/53，按工艺要求调节控制流量和压力进行吸附。吸附半小时后，取样分析首塔入口及尾塔出口废水铀含量 U≤1 mg/L 为合格，若不合格，则调整吸附流量或压力，定时打开各塔溢流阀检查塔内情况，以防塔流空。当水-01(或水-02)接收约 1 850 L 废水后停止吸附或转换扬液器继续吸附。

停吸附时，关闭关闭尾塔出口阀 B-19/53 及转子流量计入口阀 B-19/50，通知二楼停止输送，一楼关闭扬液器水-01(或水-02)的入口阀 B-19/125(或 B-19/124)。

六、石灰乳中和

1. 吸附尾水接收及中和处理

打开水-10/1～3 尾水入口阀 B-19/128(或 B-19/129、B-19/130)，通知一楼输送：关闭扬液器水-01(或水-02)的放空阀 B-15/2(或 B-15/3)，打开出口阀 B-19/126(或 B-19/127)及压空阀 B-5/2(或 B-5/3)，将废水送入水-10/1～3 中。水-01(或水-02)送空后，关闭压空阀 B-5/2(或 B-5/3)，打开放空阀 B-15/2(或 B-15/3)，最后关闭出口阀 B-19/126(或 B-19/127)。通知二楼关闭水-10/1～3 尾水入口阀 B-19/128(或 B-19/129、B-19/130)，打开石灰乳入口阀 B-29/5(或 B-29/6、B-29/7)，拉铃通知输送石灰乳。开启水-10/1～3 的搅拌，接收石灰乳约 650 L 后，再次拉铃，通知一楼停止输送石灰乳，关闭石灰乳入口阀 B-29/5(或 B-29/6、B-29/7)。

反应 20～30 min 后，停止搅拌，打开水-10/1～3 出口阀门 B-19/140(或 B-19/141、B-19/142)，将石灰乳水放至水-011 处理。

2. 萃余水处理

萃余水 U≤2 mg/L，可送至水-10/1～2 中进行中和处理处理。

3. 不合格的排放水处理

不合格的排放水可通过扬液器水-12/1～2 送入水-10/1～3 中进行中和处理，处理步骤如(吸附尾水接收及中和处理)所述。

4. 石灰乳配制输送

将 20 kg 石灰倒入石灰槽试-1 中，打开水阀 B-8/2 加水进行人工搅拌溶解，配好一槽石灰乳待用，关闭水阀 B-8/2。

听到铃声后，关闭回流阀 B-29/4，打开泵试-2 的入口阀 B-29/1，启动泵，然后打开泵出口阀 B-29/2 及 B-29/3。输送时观察槽中应有一定量石灰乳以保证泵出口压力在 0.2 MPa 以上。输送时，不断搅拌槽中石灰乳至再次听到铃声后停止搅拌，打开回流阀 B-29/4，关闭泵出口 B-29/3，打开水阀 B-8/1，关闭泵入口阀 B-29/1，水洗泵约 5 min 后停泵，关闭 B-29/2，打开 B-29/1，冲洗石灰乳入口管，最后关闭水阀 B-8/1。重新向槽内加入 20 kg 石灰浸泡，并打开水阀 B-8/2 加满水配好一槽石灰乳待用。

石灰乳槽内积累的渣在每次石灰乳配制前清理。

七、石灰乳过滤及废水排放

1. 石灰乳过滤

将假底过滤器水-11/3 中的滤布铺好，通知二楼放过滤：打开水-10/1～3 出口阀门 B-19/140(或 B-19/141、B-19/142)，打开水-011 入口阀 B-19/143，将石灰乳液放下。

关闭扬液器水-12/1～2 的放空阀 B-15/6(或 B-15/7)，打开入口阀 B-19/146(或 B-19/147)及真空阀 B-12/6(或 B-12/7)，待水-011 槽有上清液溢流入水-11/3 中，打开水-11/3 中的出口阀 B-19/145，将清液抽入水-12/1～2 中，至抽至扬液器高液面信号灯亮时或水-11/3 中水抽空后(水-011 不再有溢流下来的水)，关闭水-11/3 中的出口阀 B-19/145，关闭水-12/1～2 入口阀 B-19/146(或 B-19/147)及真空阀 B-12/6(或 B-12/7)，打开放空阀 B-15/6(或 B-15/7)，通知分析防护人员在水-12/1～2 出口取样分析铀、氟含量，达到排放标准后方可排放。否则废水返回水-10/1～3 重新用石灰乳处理。

2. 废水排放

关闭水-12/1～2 的放空阀 B-15/6(或 B-15/7)，打开出口阀 B-19/148(或 B-19/149)及压空阀 B-5/6(或 B-5/7)，将废水排入下水道。待扬液器排空后，立即关闭压空阀 B-5/6(或 B-5/7)，打开扬液器出口阀 B-19/148(或 B-19/149)，打开放空阀 B-15/6(或 B-15/7)。

3. 排放返水操作

打开水-10/1～3 返水入口阀 B-19/133(或 B-19/134、B-19/135)，关闭水-12/1～2 的放空阀 B-15/6(或 B-15/7)，打开水-12/1～2 出口阀 B-19/151(或 B-19/150)及总阀 B-19/152，打开压空阀 B-5/6(或 B-5/7)，控制压力在 0.2～0.3 MPa，将不合格水返入-10/1～3 中，水-12/1～2 返空后，关闭压空阀 B-5/6(或 B-5/7)，打开放空阀 B-15/6(或 B-15/7)，最后关闭出口阀 B-19/151(或 B-19/150)及总阀 B-19/152。通知二楼关闭水-10/1～3 返水入口阀 B-19/133(或 B-19/134、B-19/135)。

4. 水-12/3 抽滤操作

水-011 底部渣放入水-11/1～2 内，滤液抽入扬液器水-12/3，并返回水-011 重新澄清。水-12/3 抽滤操作：关闭水-12/3 的放空阀 B-15/5，打开入口阀 B-19/160 及真空阀 B-12/5，打开阀门 B-19/159，用胶皮管将水-11/1～2 内上清液抽至水-12/3 中，待清液抽空时拔出胶皮管抽干，关闭阀 B-19/159。打开 B-19/157、B-19/158，将水-11/1～2 抽干，停止过滤。关闭水-12/3 的入口阀 B-19/160 及真空阀 B-12/5，打开放空阀 B-15/5，关闭水-11/1～2 出口阀 B-19/157(或 B-19/158)。

过滤后水-11/1～2 石灰渣铲入石灰渣槽，满槽后，联系电瓶车送 22＃废渣库暂存。

5. 水-12/3 返水操作

关闭水-12/3 放空阀 B-15/5，打开压空阀 B-5/5 及出口阀 B-19/162，将水返入水-011 中，水-12/3 返空后，关闭水-12/3 压空阀 B-5/5，打开放空阀 B-15/5，最后关闭出口阀 B-19/162。

八、吸附塔再生及水洗操作

1. 再生剂的配制(1 000 L)

打开水-015 的水阀门 B-8/7,加水约 500 L,加入 87 kg 的 NaCl 和 5 kg Na_2CO_3,打开压缩空气阀 B-6/1,搅拌至 NaCl 和 Na_2CO_3溶解后,补加水至 1 000 L。关闭压缩空气阀 B-6/1 及水阀 B-8/7。取样分析 NaCl 和 Na_2CO_3的浓度,合格后抽至扬液器水-013 中:关闭水-013 的放空阀 B-15/4,打开真空阀 B-12/4 及入口阀 B-48/2,将橡皮管插入水-015 中,打开阀 B-48/1,再生剂被抽入水-013。转移完毕后,将橡皮管拔出抽干,关闭阀门 B-48/1、水-013 入口阀 B-48/2 及真空阀 B-12/4,打开放空阀 B-15/4。

2. 再生准备工作

当吸附塔中树脂铀总量接近饱和或水-01(或水-02)中吸附尾水中 U≥1 mg/L 时,需要对吸附塔进行再生处理。将需要再生的一组塔同其他生产管线断开(相关阀门或法兰用盲板盲死),并挂上标志牌,将再生的一组塔内废水全部排空。

3. 再生(以水-09/1～3 塔为例)

将水-09/4～5 塔再生剂入口阀 B-48/7 用盲板盲死。关闭水-014 的放空阀 B-15/13,打开真空阀 B-12/13 及入口阀 B-19/113。通知三楼打开水-09/1～3 塔再生液的出口阀 B-19/101、B-19/102 及 B-19/103,将塔内废水全部抽至水 014 内。抽水过程应注意水-014 液面,若达到高液面则停止抽水,将水-014 废水转入水-20 内,或废水铀含量 U≤2 mg/L 送水-10/1～3 处理,U>2 mg/L 送溶液岗位处理。

水-09/1～3 塔内废水全部抽空后,关闭塔再生液的出口阀 B-19/101、B-19/102 及 B-19/103。关闭水 014 入口阀 B-19/113 及真空阀 B-12/13,打开放空阀 B-15/13。

(1) 间断单塔再生

关闭水-09/1～3 塔入口阀 B-19/88,旁通阀 B-19/90、B-19/91、B-19/92 及出口阀 B-19/94、B-19/95。关闭水-013 的放空阀 B-15/14,打开压空阀 B-5/14 及出口阀 B-48/3。输送再生剂灌塔,打开入口阀 B-48/6 及 B-19/89 将再生剂送入水-09/1 塔内,打开溢流阀 B-19/106,由窥视镜观察若有水流出,立即关闭此阀。打开 B-48/5 及 B-19/104,将再生剂送入水 09/2 塔内,打开溢流阀 B-19/107,由窥视镜观察若有水流出,说明塔已灌满,立即关闭此阀。打开 B-48/4 及 B-19/105,将再生剂送入水 09/3 塔内。打开溢流阀 B-19/108,由窥视镜观察若有水流出,立即关闭此阀。关闭入口阀 B-48/6 及 B-19/89。

关闭水-013 压空阀 B-5/14,打开放空阀 B-15/14,最后关闭出口阀 B-48/3。将塔浸泡一段时间(一般 1～3 d)。

将水-015 内配好再生剂并抽入水-013 内备用。

塔内产生的再生液放入水-014 中,分析铀含量后送溶液岗位处理。通知溶液岗位接收再生液,关闭水-014 的放空阀 B-15/13,打开压空阀 B-5/13 及出口阀 B-19/114,打开 B-19/119、B-19/123 将再生液送至溶液岗位的去碳器液-6/1～2 中。水-014(或水-20)输送完后,关闭压空阀 B-5/13,打开放空阀 B-15/13,最后关闭出口阀 B-19/114、B-19/119、B-19/123。

分析再生液铀含量,当 U≤1 g/L 时,采用间断再生,U>1 g/L 采用连续再生。

（2）连续顺流再生

首先用再生剂灌满塔：关闭水-013的放空阀B-15/14，打开压空阀B-5/14及出口阀B-48/3，输送再生剂灌塔，打开吸附塔入口阀B-48/6及B-19/89，将再生剂送入水-09/1塔内，打开溢流阀B-19/106，由窥视镜观察若有水流出，说明塔已灌满，立即关闭此阀。打开B-19/94、B-19/104，将再生剂送入水-09/2塔内。打开溢流阀B-19/107，由窥视镜观察若有水流出，说明塔已灌满，立即关闭此阀，打开B-19/95、B-19/105，将再生剂送入水-09/3塔内。打开溢流阀B-19/108，由窥视镜观察若有水流出，立即关闭此阀。三塔均灌满后可进行连续再生。由水-013连续输送再生液，并控制流量约200 L/h。打开再生液出口阀B-19/103，再生液流入水-014中，分析再生液铀浓度，当U≤1 g/L时，停止连续再生，改为间断再生，吸附塔再生方式采用间断式与连续式交替进行。

再生液中U≤100 mg/L，再生合格，停止再生，再生液送溶液岗位。

吸附塔水-9/1～3、水-09/4～5塔再生操作可参照水-09/1～3塔所述操作。

4. 水洗（以水-09/1～3一组塔为例）

打开水-014入口阀B-19/113和放空阀B-15/13，打开水总阀B-8/8、B-8/9，用水将塔灌满，操作步骤同11.8.3中（2）所述。灌满塔后可连续水洗，水洗液流入水-014中，观察水-014液面，控制水洗速度200 L/h。

取样分析尾塔出口水洗液中氯含量，当Cl^-≤350 mg/L时，水洗合格。停止水洗，关闭塔出口阀B-19/103，关闭水总阀B-8/8、B-8/9，关闭水-014入口阀B-19/113。

分析水-014中水洗液铀含量，U＞2 mg/L送溶液岗位处理。操作如11.8.3中（1）所述。若废水铀含量U≤2 mg/L送水-10/1～3处理：关闭水-014的放空阀B-15/13，打开压空阀B-5/13及出口阀B-19/114，打开阀B-19/116及水-10/1～3入口阀B-19/128（B-19/129、B-19/130），将U≤2 mg/L的水洗液送水-10/1～3处理。水-014输送结束后，关闭压空阀B-5/13及出口阀B-19/114，打开放空阀B-15/13，关闭水-10/1～3入口阀B-19/1128（B-19/129、B-19/130）。

5. 掏塔、装塔（以水-09/1为例）

水洗合格后，根据使用情况进行掏塔。先将塔内废水放入水-014中。打开水-09/1塔上盖及侧面手孔。先将上部树脂掏出，若上部树脂破碎已不能再用则丢弃一部分。然后再由下部手孔处将树脂全部掏出并清洗后重新装入塔内，不够时补加新树脂。清洗液放入“385”贮槽，后转入16＃库5＃罐。树脂装好后上好塔盖及侧手孔，充水试漏合格后备用。

第六章　调节器(阀)、旁通阀

第一节　调节器(阀)

学习目标:通过学习,使学员掌握调节器(阀)、旁通阀的结构、工作原理和性能参数。

一、概述

调节器是一种自动压力调节装置,通过自动调节作用,可以将其前或后的压力恒定在某一整定值。离心铀浓缩生产中所用的调节器主要分为两类。

1) 压缩空气压力调节器(PДCB)

其作用是将压缩空气站供入的干压缩空气压力调节在 0.30～0.32 MPa 范围内,以确保供给机组和 MKK 管道调节器所用。

2) 机组和机组间管道(简称 MKK)调节器

全部为 2BP 型,按照其恒定压力的对象,将调节器分为压力调节器(2BPД)和流量调节器(2BPП)。压力调节器通过调节流出调节器的气体流量,将调节器前的压力恒定在某一整定值。流量调节器通过调节流入调节器的气体流量,将调节器后的压力恒定在某一整定值。

以上两种调节器均为比例式调节器,即 P 型调节器。

二、压缩空气压力调节器

(以中核兰州铀浓缩有限公司离心工程为例说明)

1. 压缩空气压力调节器的运行方式

从压缩空气站出来的高压压缩空气分成两路进入 01 厂房,一路进入供取料厂房,为供取料厂房供料单元中的气动调节阀和电磁气动阀供压缩空气;另一路进 01 厂房,其高压侧两条线同时供压缩空气,经压缩空气调节器 PДCB 调节成低压的压缩空气分为南北两跨双线同时工作,日常连接机组及 MKK 料流中的工作调节器的供压缩空气的支管阀门为全开状态,所有工艺检测及事故保护传感器阀门打开并接通工作,低压侧南北两端双向同时为机组和 MKK 料流中的调节器供不间断压缩空气,并且在其支管两端均装有确保流体单向流动的止回阀,一旦流体失压,止回阀会自动关闭,以截断其不密封段。

离心工程 01 厂房共有三个压缩空气调节器 PДCB,日常运行为调节器 NK001A 和 NK003A 是主工作调节器,应恒定接通工作;调节器 NK002A 为备用调节器。

2. 压缩空气压力调节器的构造

1) PДCB 直接作用是将压缩空气调节,使其自身后的空气压力保持在 0.30～0.32 MPa 范围内。

2）PДCB 压缩空气调节器(见图 6-1)由储气器 2，PДCB 机头 1，安全阀 3，排气阀门 4 和阀门 5、6 组成。

3）储气器 2 容积为 60 L，被制作成圆筒形，用以缓冲调节器工作过程中的压力波动。

4）PДCB 机头是主调节机构。在结构上(见图 6-2)是一个铸造的金属外壳 1，在其上部罩子 2 用 4 个"Б"螺钉固定，其中两个比其他的长，在拆开机头时为使主工作弹簧松弛而作为拆卸工具用的。

5）在外壳上有两个吊环螺栓，用以在 PДCB 拆除过程中起重和运输。

6）在罩子上部配有调节螺钉 3，借助它可改变主工作弹簧 4 的力(压力)，把调节器调到规定的压力。

7）在主工作弹簧和调节器螺钉之间有止推垫圈 5。为了排除螺钉卡住和波纹管扭转，在调整螺钉和止推垫圈之间，有止推滚珠轴承 6。

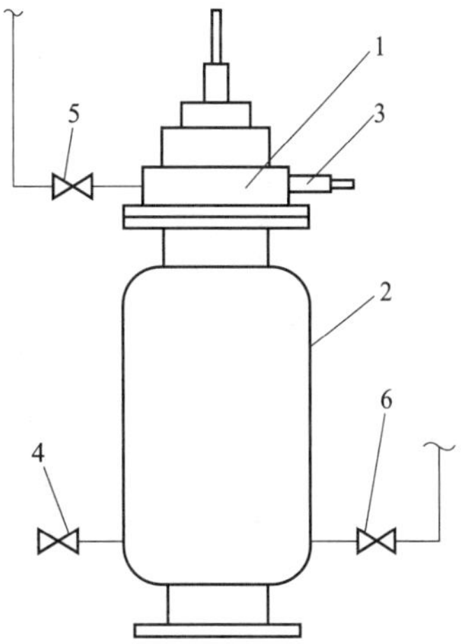

图 6-1　PДCB 压缩空气调节器结构图
1—机头；2—储气器；3—安全阀；
4—排气阀门；5，6—阀门

8）在机头壳体中的专用凸缘上装入敏感元件—装配波纹管 7，后者在外壳和上部垫圈之间有橡胶垫 9 密封。阀门和外壳的连接用橡胶垫圈 8 密封。

9）在罩子上有一个使波纹管内部与大气相通的孔。波纹管下部波形垫圈中从外侧压入供针轴 11 用的轴窝。

10）主工作弹簧安装于波纹管波形垫圈内侧，波纹管波形垫圈具有限制波纹管工作行程压缩的专用凸边。

11）针轴 11 用来向工作杠杆传输平衡架针轴下端支承在安装于工作杠杆上的轴窝 12 上。轴窝 12 做成带锁紧螺母"K"的螺栓形式。以保证阀门 17 行程的调节。

12）两个紧缩弹簧 13 向关闭方向作用于工作杠杆，弹簧的一端固定到半环 14 的支座上，另一端固定到工作杠杆 15 的支座上。

13）拧在外壳上的半环 14 用作波纹管波形垫圈的导向件，并同时用来限制波纹管行程压缩用支承。

14）装配的工作杠杆 15 固定在桥架 16 的外壳支承上。在工作杠杆末端固定有锥形阀门 17-PДCB 的调节机构。

15）在外壳凸起部和桥架之间装有金属垫 18，能够在装配时正确地调定工作杠杆。

16）为使工作杠杆平稳地动作，设有弹簧减振器 19，该减振器由并列安装的两个板状弹簧组成，弹簧的末端上固定有带层压胶布板的金属板形式的制动块。制动块对杠杆的摩擦力用带压缩弹簧的专门调节螺钉调节。

3. PДCB 工作原理

1）当调节器储气器中的压力最小时，工作弹簧对圆盘的力用处在调节器内的空气压力来平衡。同时，带阀门的工作杠杆打开喷嘴，压缩空气通过截面到所需值。

2）当调节器储气器中压力升高时，波纹管在抑制主工作弹簧的同时受到压缩。在锁紧弹簧的作用下，工作杠杆在桥架锥形支承上向上转动，并用自身的阀门微开喷嘴，减少向调节器储气器输送的空气量，其内的压力将降低。

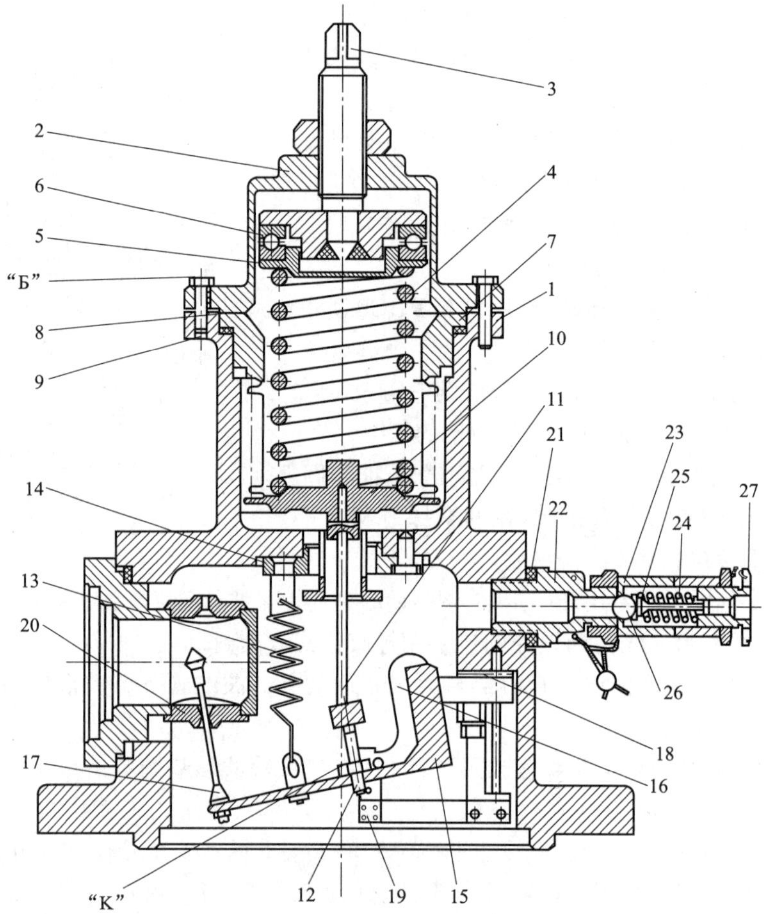

图 6-2 PДCB 头部结构图

1—外壳;2—罩子;3,27—调节螺钉;4—主工作弹簧;5—止推垫圈;6—止推滚珠轴承;7—装配波纹管;8,9—橡胶垫;10,12—轴窝;11—针轴;13—紧缩弹簧;14—半环;15—工作杠杆;16—桥架;17—锥形阀门;18—金属垫;19—弹簧减振器;20—喷嘴;21—垫;22—安全阀;23—壳体;24—弹簧;25—连杆;26—小球;"K"—紧缩螺母;"Б"—螺栓

3) 在调节器储气器内压力降低时,进行相反的过程。以这种方式,保证调节压力所需的恒定性。

4) 为保证 PДCB 稳定地工作,调节器前的空气压力应在 0.55~0.65 MPa 范围内。

5) 在 PДCB 不能保证调节压力在 0.30~0.32 MPa 范围内的情况下。当压缩空气流量不大于 150 kg/h 和调节器前空气压力为 0.55~0.65 MPa 时,必须借助调节螺钉 3 进行调节器的调准。

在 PДCB 储气器里的压力降低时,调整螺栓须顺时针方向旋转,在压力升高时,则须逆时针方向旋转。调整螺栓须转动到在调节器储气器中的空气压力被调整到所需压力为止。

6) 为防止 PДCB 中的压力升高超过允许的压力,安全阀 22 被拧入机头。在机头壳体和阀门之间用橡胶垫 21 密封。

7）安全阀是个杯形件 23，内中安装带有专用阀体 25 和小球 26、弹簧 24，小球 26 位于带连杆弹簧和阀门底座之间。

8）调节螺钉 27 用来调节安全阀上的弹簧力，该螺钉可调整安全阀的开启压力。

在调节器中压力升高，并高于设定压力 1.15 Pa 工作时，安全阀阀门的弹簧被压缩，使小球移动，多余压力从 PДCB 储气器排放到大气中。

三、2BPД 与 2BPП 调节器

1. 调节器的分类

俄式压力调节器和流量调节器按喷嘴直径及调节压力不同分为若干个牌号，以 2BPД(П)—××—××表示，其中：

2BPД——表示压力调节器；

2BPП——表示流量调节器；

第一组数据表示喷嘴直径；

第二组数据表示调节压力。

2. 调节器的主要性能参数

(1) 压力调节器的主要性能参数

压力调节器的主要性能参数如表 6-1 所示。

表 6-1　压力调节器的主要性能参数

调节器代号	调节压力/mmHg	调节器后最大压力/mmHg	流量范围/(g/s)	零位压力/mmHg	旁通阀型号	安装位置及台数
2BPД 45-36-3KO	25 36 47	15 22 28	5～27 5～27 5～27	4.0	45-3K	1～22 机组二级和 1、21、22 机组一级，共 25 台
2BPД 75-36-3K	25 36 47	15 22 28	10～70 10～70 10～70	4.0	80-3K	2～20 机组的第一级，共 19 台
2BPД 45-36-3KM	21 32 43	12 19 25	4～22.5 4～22.5 4～22.5	4.0	45-3K	5、7、9 料流回流，共 6 台
2BPД 50-6-3K	4 6 8	2.4 3.6 4.8	0.3～4.7 0.45～7.0 0.6～9.4	0.1	60-3K	22 机组回流，共有 1 台

(2) 流量调节器的主要性能参数

流量调节器的主要性能参数如表 6-2 所示。

表 6-2　流量调节器的主要性能参数

调节器代号	调节器前压力/mmHg	调节压力/mmHg	流量范围/(g/s)	零位压力/mmHg	旁通阀型号	安装位置及台数
2BPⅡ55-35-3K	50～55 50～55 50～55 35～38	32 35 38 32	10～60 10～60 10～60 5.0	0.1	55-3K	安装在1、2、3、5、7、9料流上，共有12台
2BPⅡ18-38-3K	50～55 50～55 50～55	35 38 41	1.0～5.0 1.0～5.0 1.0～5.0	0.1	18-3K	机组分批启动时，安装在3#料流上，共2台

3. 2BP型调节器的构造

2BP型调节器结构图如图6-3～图6-5所示。

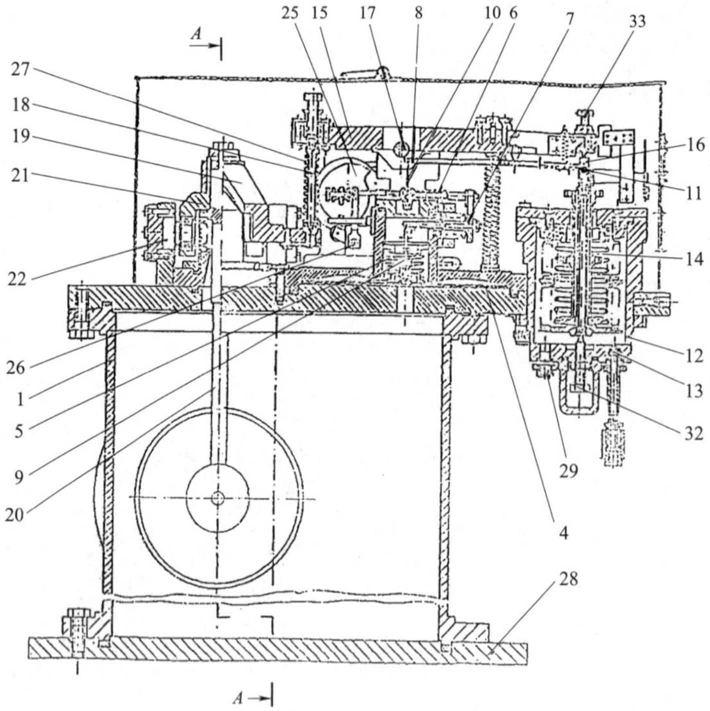

图6-3　2BP型调节器结构图

1—调节器壳体；4—膜片；5—零位腔主弹簧；6—远调弹簧；7—Π形杠杆；8—差动杠杆；9，10，18—针；11—小球；12—伺服马达；13—孔板；14—活塞杆；15—主杠杆；16—带有指针的框；17—支撑；19—Z形杠杆；20—连杆；21—转叉；22—轴承座；23—阀门(阀盘)；24—装配电机；25—特形凸轮；26—远调杠杆；27—弹簧；28—底座；29，33—螺钉；30—喷嘴；31—弹簧箱；32—定位螺钉

其主要组成部分有：① 调节器壳体；② 膜片；③ 调节器阀；④ 伺服马达；⑤ 远调机构；⑥ 调节器执行机构零件和部件。

1) 调节器壳体1为圆柱形。平板2安装在壳体上面，调节器主要部件都固定在平板

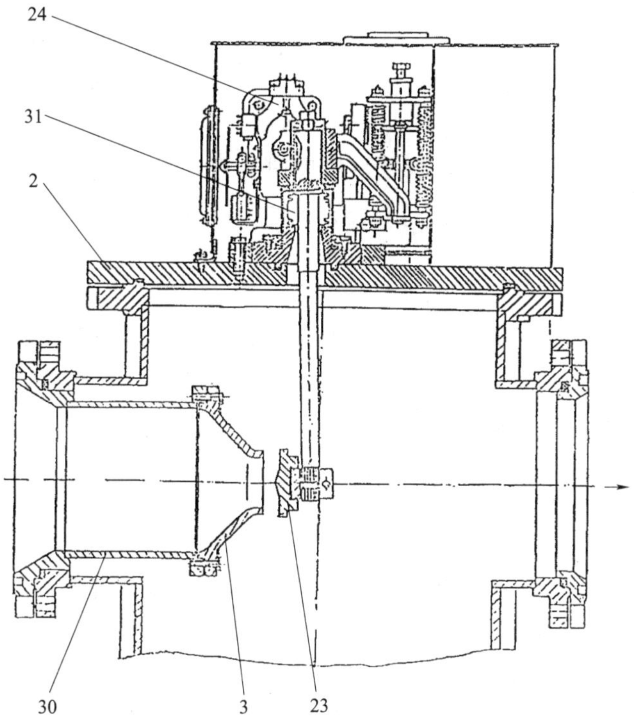

图 6-4　2BP 型调节器剖面图

2—平板;3—连接管;23—阀门(阀盘);24—装配电机;30—喷嘴;31—弹簧箱

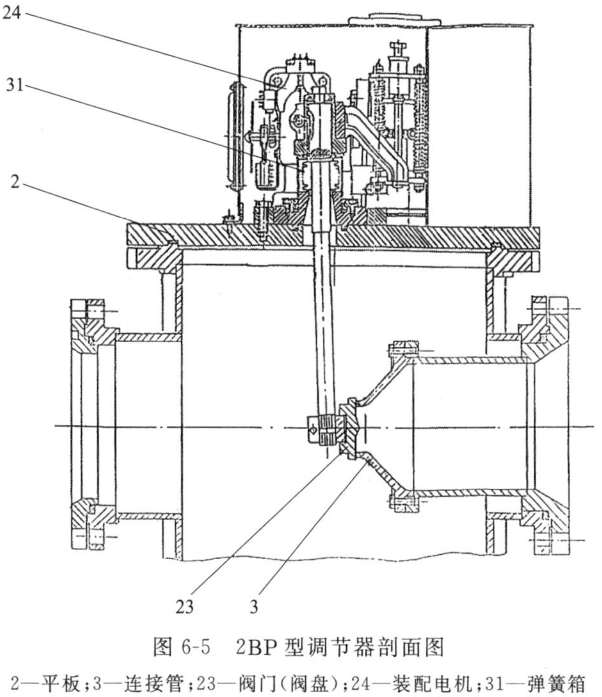

图 6-5　2BP 型调节器剖面图

2—平板;3—连接管;23—阀门(阀盘);24—装配电机;31—弹簧箱

上。壳体下面固定在将调节器安装到工艺(设计)地点时用作调节器支架的底座 28 上。为了输入和输出被调节气流,在壳体内设置两个相对的孔。为调节压力和保证必需流量在调节器壳体其中一个孔上(在流量调节器 2BPΠ 输入口,而在压力调节器 2BPД 气流输出口上)安装带有标准通径连接管 3 的装配套管——喷嘴。

2) 膜片 4 是调节器的敏感元件,它直接接受调节器工作腔中的压力变化。膜片是一个波纹状圆盘(调节器 2BPД50-6-3K 使用双瓣式膜片——两个膜片相互焊接在一起),它将调节器工作腔和零位腔隔开。

3) 调节器阀门是调节器的调节机构,当它移动时,连接管 3 的喷嘴打开或关闭,同时,改变流经调节器工作腔的气流大小。在 2BPΠ 型调节器上,阀门安装在调节器入口,在 2BPД 型调节器上,阀门安装在调节器出口。

调节器阀门由阀杆 20 和阀门(阀盘)组成。阀杆固定在 Z 形杠杆 19 上,杆到调节器工作腔的入口使用从外面用橡胶保险套封闭的弹簧箱 31 密封。阀门(阀盘)23 固定在阀杆下端轴上,在关闭状态下可保证连接管 3、喷嘴 30 的密封关闭。

4) 伺服马达 12 靠压缩空气动力工作,起放大器的作用,增强膜片位移动作。

伺服马达 12 是一个气缸,其中带活塞杆 14 的装配弹簧箱用作活塞(弹簧箱式活塞)。

为调节弹簧活塞杆 14 的最低位置,使用定位螺钉 32。带有调节器阀门关闭(打开)指针的框 16 从上面安装到活塞杆 14 上。

压缩空气经节流孔板进入伺服马达。孔板前压力为 $294.2_{0}^{19.6}$ kPa。

弹簧箱活塞杆 14 做成管状,压缩空气经过它由伺服马达送出。活塞杆 14 出口盖有小球 11。

5) 调节器执行机构确定敏感元件(膜片 4)接受的脉冲值大小,进而确定对调节机构(调节器阀门)的值。调节器执行机构包括以下零件和部件:

① 控制件:针 9,Π 形杠杆 7,针 10,差动杠杆 8,小球 11;

② 中间放大器:伺服马达 12;

③ 传动件(由伺服马达到调节器阀门):主(大)杠杆 15,针 18,Z 形杠杆 19。

④ 差动杠杆 8 的支撑 17 安装在主(大)杠杆 15 上。

6) 调节器工作腔一侧的压力用设置在调节器零位腔中的主弹簧 5(调节器 2BPД50-6-3K 除外,其上无主弹簧 5)和两根远调弹簧 6 平衡。

远调弹簧 6 一端固定在 Π 形杠杆 7 上,而另外一端固定到远调杠杆 26 上。与弹簧 5 不同的是远调弹簧 6 的刚度可以借助遥控机构改变。带有指示远调弹簧 6 的刚度和(额定)刚度方向的指针的刻度盘安装在远调杠杆 26 上面。

7) 远调机构由带减速器的装配电机 24 构成,处在与远调弹簧 6 的远调杠杆 26 的滑轮接点中的特形凸轮 25 被固定在减速器从动轴上。用于切断电机供电线路的微动开关的凸轮,以及特形凸轮 25 转向角度的刻度盘固定在减速器从动轴另一端上。凸轮转向角度确定远调弹簧拉紧程度。

4. 2BP 型调节器工作原理

当调节器阀门位置改变时,流经调节器的气流量被改变(被调节),相应地引起调节器工作腔中压力改变。

因为零位腔中总保持常压,于是流到膜片 4 下面的气流会造成压差(调节器零位和工作

腔中压力差),该压差会引起膜片中心向上位移。此时,会发生以下情况:

1) 膜片4的位移经针9、Π形杠杆7、针10和差动杠杆8传递给小球11、小球落下并堵住压缩空气通过伺服马达12弹簧箱活塞杆14孔的出口。

2) 经过节流孔板13不断进入伺服马达12的压缩空气压力增大,弹簧箱活塞的活塞杆14向上升起,同时,主杠杆15的一端移动。

3) 主杠杆15的另外一端作用于针18和Z形杠杆19。Z形杠杆19和连杆20、阀门23(阀盘)一起转动并改变调节器阀门位置。此时,在调节器2BPΠ上阀门23靠近连接管3的喷嘴,而在调节器2BPД上阀门23远离喷嘴,调节器工作腔中的气流和压力相应地减小或增大至给定值。

4) 弹簧27不断地作用于Z形杠杆19,并固定阀门23(阀盘)在气流中的位置。

5) 当伺服马达12的弹簧箱活塞开始移动的同时,反向联杆开始工作,其动作按下面程序进行:

① 在伺服马达12弹簧箱活塞的活塞杆14向上运动时,主杠杆15的右端移动,同时差动杠杆8上升。

② 固定在主杠杆上的支撑右面的差动杠杆将趋于在针10上方上升,这种上升受到两根缩紧弹簧的阻碍。由于该弹簧,差动杠杆8左端将靠近针10,而它的右端将在小球11上方上升。

③ 小球在压缩空气作用下将上升,相对于活塞杆14的射流管的环形间隙变大,由此,部分压缩空气将从伺服马达排出,伺服马达壳体内的压力将停止增长,调节器工作稳定。

第二节　旁通阀

学习目标:通过学习,使学员掌握调旁通阀结构和工作原理。

一、旁通阀结构

旁通阀结构图如图6-6所示。其主要部分有:阀门壳体1,带有电机的减速器2和特形凸轮3的杠杆系统4、5,带有连杆7的叉头6,执行机构(阀盘8、连接管9)。

旁通阀18-3K、45-3K、55-3K、60-3K、80-3K的构造和工作原理是一致的(标准的)。在结构型式上的区别仅在于阀门(阀盘8)、连接管9(喷嘴)和固定在带有电机的减速器2的从动轴上的特形凸轮3的尺寸。

二、旁通阀工作原理

1) 调节器正常工作时,旁通阀门应关闭。此时,凸轮3的大半径与滚珠轴承(滑轮10相接触,而指针处于在刻度盘"0"的刻度上。

2) 当从控制盘上给出打开阀门的指令时,与蜗杆式减速器一起制成的电机被接通。减速器从动轴上一边安装有特形凸轮3,而另一边安装有两个在阀门打开或关闭时保证微动开关动作的凸轮和指针。

3) 当凸轮3旋转打开时,固定在杠杆4上的滚珠轴承10沿凸轮向小半径(向下)移动。Z形杠杆5和固定在其上面并在叉头6支撑处摆动的连杆7转动。转动时Z形杠杆5将打

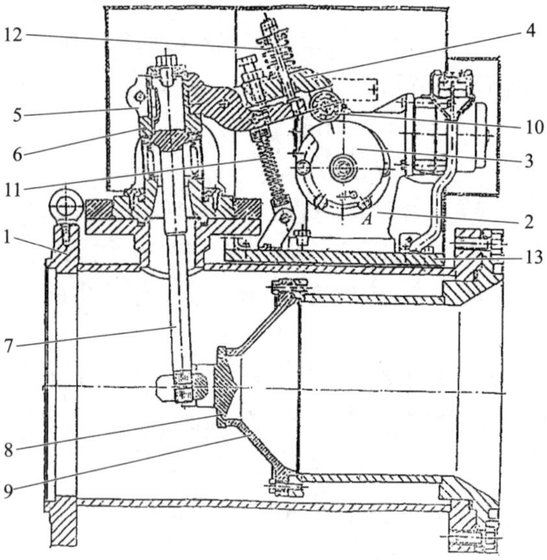

图 6-6 旁通阀结构图

1—阀门壳体;2—减速器;3—特形凸轮;4,5—Z形杠杆;6—叉头;7—连杆;8—阀盘;9—连接管;10—滚珠轴承;11,12—弹簧

开阀门(阀盘 8)的运动传递给连杆 7。阀门打开。弹簧 11 恒定地作用于杠杆 5,并固定阀盘在气流中的位置。

4) 当凸轮 3 旋转关闭阀门时,滚珠轴承 10 沿凸轮轮廓向大半径(向上)移动,并借助压缩弹簧 12 保证将连接管 9 的孔口用阀门 8(阀盘)均匀、密封地关闭。指针处于刻度盘的"0"刻度上。

第三节 调节器(阀)、旁通阀检查维护

学习目标:通过学习,使学员掌握调节器(阀)、旁通阀维护操作要求。

一、PДCB 的检查维护

1. 准备工作

1) 断开运行调节器 NK001A 或 NK003A,同时备用调节器 NK002A 接通工作,完成调节器的转换工作,检查 NK002A 后的压缩空气压力在 0.3~0.32 MPa 范围内。

2) 从低压管道方关闭连接已断开调节器的阀门。

3) 用打开调节器储气器上排气阀的方法,将储气器内的压力降低到大气压。

4) 关闭储气器上的排气阀门,并在 10 min 内,确认从高压和低压管道截断调节器的密封性。

2. PДCB 的检查维护

1) 取下安全阀上的铅封。

2) 进行完全拆卸(除取下喷嘴套管外)和 PДCB 头部外壳零件的缺陷检查。

3）清洗零件要在煤油中清洗和用在煤油中浸过的擦布进行擦拭。

4）对每个零件进行检查，以确定其下一步的适用性。在检查时必须特别注意阀门锥形支承和针轴支承螺钉，这些支承和螺钉不应有间隙、气孔和裂纹。闭合弹簧不应有残余变形（在取下状态下，每个弹簧应压缩到各圈彼此紧贴为止），在弹簧圈的金属体内不应有气孔。波纹管不应有波形损伤，强氧化的痕迹和焊缝损坏。安全阀座在小球紧贴部位上不应有压痕和擦伤，在小球表面不应有气孔。如有上述缺陷，应予以消除，而有缺陷的零件应更换。

5）检查杠杆用支承螺钉的固定情况。在支承松动的情况下，必须将其拧紧，并用紧缩螺母紧固。桥架叉和杠杆之间不允许有摩擦。杠杆和桥架叉之间的间隙每侧不应小于 1.0 mm。

6）检查阀门杠杆针轴的轴向活动空隙，在敏感元件上部位置上允许轴向活动空隙≤0.1～0.2 mm。当针轴空隙偏大时，必须用螺丝刀把限位螺钉拧到位，但不大于半圈。

7）检查喷嘴底座与阀门贴紧的密封性，阀门和底座之间的间隙（阀门压紧时）应不大于 0.05 mm。

8）借助阀门杠杆、针轴的支承螺钉，调整底座和完全打开的阀门之间的间隙，该间隙应等于 29 mm。

9）在制动块松动的情况下，应予以拧紧。压缩的弹簧长度应等于 16.5 mm。

10）在装配前，给针轴及其支承的摩擦表面滚珠轴承、杠杆支承和支承螺钉涂一薄层润滑油。

11）进行 РДСВ 头部外壳的完全装配和安装安全阀。

12）将所有发现的缺陷和更换的零件，更换日期、原因和操作人员姓名信息记入调节器合格证书中。

二、机组调节器(阀)、旁通阀的检查维护的工艺运行操作步骤

1）记录需检查维护调节器的喷嘴开度、远控开度指针位置和所在机组（级）的贫料压力。

2）对旁通阀进行检查维护。

3）按以下步骤将工作调节器转换到旁通阀工作：

① 检查手动阀门打开情况（当它在旁通阀前调节器节点线路中运行时），在关闭情况下应打开阀门。

② 从控制台接通调节器节点旁通阀电机，调节凸轮到达行程中间前断开工作。

③ 缓慢关闭调节器之前的手动截断阀。从控制台上调整旁通阀位置直到获得所调节的压力。压力变化不应超过 1 mmHg(133.3 Pa)。

④ 在将 2BP 型调节器转换到旁通阀后，关闭给调节器伺服马达供压缩空气的管线上的阀门。

4）对调节器进行检查维护。

5）旁通阀转回调节器工作。

6）将调节器阀门开度指针、远控开度指针调至原位，恢复所在机组（级）的贫料压力。

三、MKK 料流调节器、旁通阀检查维护的工艺运行操作步骤

1）记录需检查维护调节器的阀门开度、远控开度指针位置和所在料流压力。

2）MKK 料流工况转检修工况，关闭需检查维护调节器所在的 MKK 料流管线。

3）对调节器进行检查维护。

4）对旁通阀进行检查维护。

5）打开所关闭的 MKK 料流管线(料流管线原为主要工况运行时)。

6）将调节器阀门开度指针、远控开度指针指向原位，恢复所在料流的压力。

四、2BP 型调节器检查维护项目

1．外观检查和部件清洁

1）取下盖在调节器部件上的护罩，并对所有部件和零件进行外观检查。

2）检查部件到底板以及部件相互间的固定，及调节器零位管线和伺服马达压缩空气管的固定。

3）检查盖在杠杆和连杆弹簧箱的橡胶帽状况。

4）擦拭或用刷子清除调节器机构外表面的灰尘和污物。

5）拧出密封伺服马达底部孔的盲板(堵头)，打开向调节器供压缩空气的阀门，从伺服马达腔中清除(吹除)可能由于所供压缩空气湿度而形成的冷凝物或其他杂物。将盲板装回原位。

6）从伺服马达壳上取下节流孔板，在石油溶剂(或酒精)中清洗，并用压缩空气吹干，装回原位。

7）用蘸有酒精的棉布擦拭伺服马达波纹管式阀连杆引出孔和小球。

2．调节器部件的润滑

在进行外观检查和清洁之后必须给调节器部件加润滑油。

1）给针、差动(小)杠杆、П形杠杆的支承、带锥形端头的调整螺钉支承、弹簧的球面支承、远调机构的弹簧调整螺钉、减速器齿轮、套管和滑轮等的摩擦表面涂上润滑油。

2）止推轴承、伺服马达球面轴承、阀杆轴承和主(大)杠杆轴承上的润滑油，经过 12 个月使用后应进行更换。

3．检查调节器远控传动装置工作

1）检查电线端头焊接、连接状况和微动开关固定情况。

2）在电机马达不转动的情况下，依次闭合微动开关，检查输出到控制室的信号显示情况。

4．工作性能检查

用手轻轻捏住差动杠杆，检查伺服马达工作正常。

五、旁通阀检查维护项目

1．阀门部件外观检查和清洗

1）取下盖在阀门上部(控制机构)的护罩，并对所有零部件进行外观查看。

2）检查部件与底板以及部件相互间的固定。

3）擦拭或用刷子清除机构外表面的灰尘和污物。

2. 阀门部件的润滑

须润滑的阀门零部件每 12 个月进行一次清洗并涂上润滑油，同时更换电机减速器中润滑油。

3. 检查阀门远控装置和工作性能

1）检查电线和导线端头焊接、连接状态及微动开关固定情况。

2）在控制台上检查整个机构工作及灯光信号装置工作。

第四节　事故处理

学习目标：通过学习，使学员掌握故障和事故原因、处理方法，熟知操作要求。

一、供料容器连接支管破损原因及处理方法

（以中核兰州铀浓缩有限公司离心工程供取料厂房为例说明）

1. 供料容器连接支管破损原因

供料容器连接支管破损，容器内压力视破损程度和加热温度会发生不正常的变化。如容器内部温度不高于 54 ℃，容器内正常压力低于大气压，则破损会使容器内压力上升，破损处物料外泄，但压热罐内压力不会上升。如容器内温度高于 54 ℃，容器内正常压力高于大气压，则破损将使物料从破损处喷出，压热罐内压力上升。如容器已投入供料，破损将首先引起供料轻杂质大量增加。一旦发现破损事故，应立即处理。

2. 处理方法

1）备用中的压热罐内供料容器若发生破损，净化时轻杂质、特别是空气增加，闪蒸、试供料不合格。应立即停止压热罐加热，停风机。

2）正在供料的单元中供料容器发生破损事故，首先是供料轻杂质增加，供料压力参数异常升高。应立即关闭该单元的 FBn1Q03 电磁气动阀，退出供料。同时将备用单元投入运行，维持正常供料。

3）对因发生事故退出运行的单元，可分别关闭过滤器前阀门 FLn1M01 或 FLn2M01，打开 FBn1Q09 电磁气动阀向净化容器泄放，以判别发生破损的容器或连接管。

4）组织厂房事故排风。厂房内保持负压，事故区关闭进风口，开大排风口。

5）接通事故卸料线的电伴加热，维持温度 70 ℃。

6）事故卸料线路连接。打开 FJ00M02、FJ00M13、FJ00M14、FJ00P08，接通 1 m^3 冷凝容器。缓慢打开发生事故压热罐的 FYnnM06 角阀，对压热罐卸料。

7）启动真空泵，连接抽空线路，保证压热罐卸料正常进行，使压热罐中压力低于 80 kPa，以防罐内沾污气体外泄。

8）事故处理人员在穿戴好防护衣，防毒面具或呼吸器后，小心打开压热罐密封门，迅速关闭容器阀门，关闭密封门。

9）关闭 FYnnM06 阀门，暂停卸料。对容器连接管抽空，判断是否有漏。若连接管有

漏,则对压热罐内通风吹扫:经闭锁球阀进气,从 FYnnM06 阀门抽空。并经压热罐 FYnnM10 阀门对罐内空气采样合格后,再打开罐门,处理漏点。根据罐内沾污程度进行善后处理。

10）若容器本身有漏,则持续卸料。待容器降至室温,再按容器冒烟的处理办法进行处理。

11）如卸料量较大,1 m^3 容器不能容纳,可酌情打开 FJ00M15、M16、M17、M18 与贫料环线连通,向备用的 2.5 m^3 容器卸料。打开以上阀门前,必须十分仔细地检查线路,确保卸料线路与贫料取料线路可靠断开。

二、供料系统漏气征象及处理方法

1. 供料系统漏气征象

供料系统通常在负压下运行。系统有漏,外界空气漏入系统,引起离心级联的轻杂质持续上升,并居高不下,必须立即处理。

2. 处理方法

1）备用单元投入运行,同时原工作单元退出运行:关闭保温箱中 FBn1T02 气动调节阀,压热罐维持加热。

2）如果级联轻杂质呈下降,表明原工作单元有漏,如仍持续上升,则关闭除运行单元以外各保温箱的 FBn1M06 和 FBn1M07 阀门,在各供料单元寻找漏源。如级联轻杂质仍在增加,则供料总管有漏,需切断供料。

3）有漏的供料单元与回路断开后,立即通过净化线抽空单元管线,停止压热罐加热、打开压热罐门,关闭供料容器阀门。抽空后,停止保温箱和过滤器加热,分段关闭阀门,寻找有漏的管段或阀门。

4）对有漏的管段破空吹洗或充氮吹洗。然后进行找漏、消漏或更换有漏的管件、阀门。漏点消除后按规定进行抽空,检漏和真空测量合格后,恢复正常运行。

5）若发现供料总干管有漏,则停止供料,关闭 FG00M01,FG00M02 阀,与 01 大厅配合尽快找到漏点,消漏后投入运行。

6）若供料系统大漏,导致№1、№2 管道入口阀门自动关闭,则立即停止供料,经净化线对系统抽空,然后分段截断找漏、消漏,再恢复供料。

7）如从回路中断开的原供料单元中未找到漏点,应考虑料瓶中轻杂质过多,可对料瓶进行净化,判断。合格后重新投入供料,备用单元同时退出,恢复备用状态。

三、供料管线或蒸发管线冷凝阻塞原因及处理方法

1. 供料管线或蒸发管线冷凝阻塞原因

供料管线、蒸发管线压力过高,或供料蒸发管线因电伴加热故障而温度过低,供料过滤器温度过低,保温箱内温度过低,均可导致气体物料在管道、设备、阀门中冷凝,严重时会导致管线阻断。

2. 处理方法

1）供料、蒸发管线的某一管段压差异常增大,线路上阀门开闭不灵活,压力仪表反应迟

缓,应考虑物料在其中冷凝的可能性。

2）检查压力异常管段的电伴加热温度,检查过滤器温度,保温箱温度和容器加热温度及管道内压力。如因管线、设备温度偏低造成了物料冷凝,应恢复或提高加热温度,或酌情降低容器加热温度,降低蒸发管线的压力,以促使冷凝的物料蒸发。

3）如冷凝现象未能及时发现,或发现后相应措施不到位,冷凝现象发展到线路阻断,对于供料线路,应投入备用单元,原工作单元退出运行。对蒸发倒料工作,则应停止蒸发容器加热,暂停倒料,关闭容器阀门。

4）疏通因物料冷凝而阻塞的管线,主要措施是对该管段抽空:经净化线路,将管线中冷凝的物料抽到各级冷凝容器中。如冷凝管段为蒸发容器支管,则抽空时应关闭蒸发容器本身阀,以防容器中物料被抽走。

5）为促使冷凝物料的蒸发,可对堵塞管段加热,但必须控制加热温度不超过 54 ℃,以防物料液化膨胀导致管线破裂,发生泄漏事故。

6）冷凝现象消除,管线加热温度恢复正常后,恢复供料线路或重新接通蒸发倒料。

7）对于因为有物料冷凝造成开关不灵便的阀门,禁止操作。直至抽空或加热(<54 ℃)使物料蒸发后恢复灵活状态。

四、调节器故障及处理

调节器易出故障及处理方法如表 6-3 所示。

表 6-3 各种调节器易出故障及处理方法

调节器型号	故障	故障现象	故障可能的原因	消除方法
2BPП		1）调节器流量孔板前压力不能保持常压,在调节器前压力改变时剧烈变化； 2）调节器后压力(流量孔板前)不断上升	1）调节器零位线有漏,从而在零位线中形成高压； 2）调节器调整杠杆(距离操纵机构)的弹簧箱胀裂或弹簧箱保险套破裂	1）工作转换到旁通阀上； 2）关闭截断阀并断开调节器； 3）取下调节器护罩,更换零位线管或更换装配弹簧箱或更换弹簧箱保险套； 4）更换零位线小管
2BPД		调节器前压力持续增长	1）伺服马达弹簧箱胀裂； 2）停供压缩空气； 3）针杆从其支撑上跌落； 4）薄膜损坏	1）供给压缩空气； 2）工作转换到旁通阀上； 3）关闭截断阀并断开调节器； 4）取下调节器护罩,查明原因并消除损坏,主要包括:将针杆放入槽内、更换膜片等； 5）必要时更换伺服马达或调节器
2BPП 2BPД	在操作远距离调节机构时,调节器压力不能升高或下降	远距离调节机构的凸轮不旋转	1）没有从控制台供电； 2）保险烧坏； 3）有断线； 4）伺服马达故障； 5）电容器击穿	1）查明原因并保障调节器供电； 2）更换保险； 3）排除断线； 4）更换伺服马达； 5）更换电容器

续表

调节器型号	故 障	故障现象	故障可能的原因	消除方法
2BPП 2BPД	调节器不能在自动工况下工作	调节器前压力持续增长,调节器后压力(流量孔板前)压力下降	1) 伺服马达活塞杆 14 的排出孔和小球 11 弄脏; 2) 针 10 从球形槽上跌落到杠杆 8 的表面	1) 工作转换到旁通阀上; 2) 关闭截断阀并断开调节器; 3) 取下调节器护罩,用在石油溶剂中浸过的白棉布擦拭小球和弹簧箱活塞活塞杆排出孔; 4) 将针杆放入槽内
		调节器在喷嘴方式下工作		
PДCB		在运行中突然发生压力偏高或偏低	1) 调节器不灵敏; 2) 支撑螺钉不符合要求	1) 将缺陷调节器转换更换头部; 2) 进行实验调整绘曲线
		在运行中失去调节作用	针杆掉下	1) 转换调节器; 2) 进行更换

五、表面沾污六氟化物后的处理方法

设备或管道表面沾污六氟化铀后,应用苏打水反复擦洗,直至表沾测量合格,在擦洗过程中,要做好个人防护措施。

第三部分 铀浓缩生产准备高级技能

第七章 供精贫准备工艺

第一节 辅助工艺

学习目标:通过学习,使学员了解辅助工艺相关知识。

一、冷冻系统简介

(以中核兰州铀浓缩有限公司离心工程供取料厂房为例说明)

1. 冷冻系统

冷冻系统包括低温盐水系统和冷水系统。低温盐水系统提供精、贫料和供料净化的主要容器冷却用的氯化钙盐水;冷水系统提供供料净化冷却箱淋水冷却用的冷水,也是为加压取贫料预留的冷却用水设施。

2. 低温盐水系统

盐水系统设有4台氟利昂低温盐水机组(YSKF$_2$12.5),2台工作,1台备用,1台检修。制冷剂为氟利昂R-22,蒸发温度−30 ℃,冷凝温度35 ℃,单台制冷量69 kW。4台盐水泵(IH65-50-160),单台流量25 m^3/h,扬程32 m,2台运行,1台备用,1台检修。2台盐水箱,每台容积5.0 m^3。另有1台溶盐箱(容积0.45 m^3)和1台溶盐泵,用于配置和补充系统所需的盐水。

盐水为氯化钙水溶液,质量浓度为27.5%,比重约1.26。因氯化钙盐水略带酸性,系统开口与空气接触,对金属材料有腐蚀性。为了减轻腐蚀,在盐水中加入了适量的氢氧化钠和缓蚀剂重铬酸钠。

盐水系统为开式循环。采用双管输送,以确保安全可靠。

为减轻腐蚀,盐水箱和各种迪瓦瓶采用了玻璃钢材料。盐水泵采用耐腐蚀离心泵。

3. 冷水系统

冷水系统设冷水机组2台(CSZ-20),1台运行,1台备用。制冷剂为氟利昂R-22,蒸发温度0 ℃,冷凝温度40 ℃,单台制冷量为25.6 kW。冷水泵2台,运行、备用各1台,单台流量7.5 m^3/h,扬程34.5 m。冷水箱1台,容积1.0 m^3。

冷水系统为开式循环,双管道输送。系统所用的冷水是软化水。

冷冻站设置在辅助工艺大厅北侧。低温盐水机组和冷水机组在标高±0.00 m 的地面上。水箱、水泵等设置在标高-4.80 m 的地坑内。冷冻机所需的循环冷却水由厂房顶上的玻璃钢冷却塔提供,配循环水泵 2 台,运行、备用各 1 台。

二、通、排风系统

工艺设计要求主、辅助工艺大厅的全年室温不能低于 25 ℃,地下室不低于 18 ℃。主工艺大厅保证每小时 4～5 次的换气次数,辅助工艺大厅每小时 2～3 次。为此设计了全面送风系统 S-1,全面排风系统 P-1,P-3～P-6 以及局部排风净化系统 P-2。全面送、排风系统采用下送上排的格局,以保持室内空气的正常对流。

送风要求连续供给新鲜空气。大厅保持微小负压,大厅对地下室保持正压。

1. 全面送风系统 S-1

采用直流式送风。气流组织形式:

室外空气→进风百叶窗→进风小室→组合式送风机→送风竖井→风道(混凝土或钢管)→送风口(下送或侧送)→室内。

S-1 送风系统选用组合式送风机组 3 套,2 套运行,1 套备用。每套额定风量 80 000 m^3/h,功率 55 kW。

2. 全面排风系统 P-1,P-3～P-6

P-1 系统负责主工艺大厅、辅助工艺大厅和地下室的全面排风,采用上排形式。气流组织:

插板回风口→排风管→排风小室→排风机→室外

工艺大厅的排风管设在厂房上部的屋架梁内。地下室的排风管设在地下室顶部。辅助工艺大厅的排风管敷设在牛腿下方。

P-3～P-6 全面排风是专为剂量室、UPS 间、事故淋浴间和低压配电间设置的。采用玻璃钢屋顶风机排风。

3. 局部排风净化系统 P-2

P-2 负责 03 厂房中工艺设备的局部排风。排风口主要设在各类工艺容器的拆装部位附近,在进行容器拆装操作时才打开相应的排风口。因容器拆装时可能有有害气体逸出,局部排风的气流要经过淋洗、过滤处理后才能放空。此外,真空泵排气也接入局部排风系统。局部排风的气流组织:

局部排风口→风管→局部排风小室→酸雾净化塔→高效过滤器→排风机→室外。

酸雾净化塔是玻璃钢材质。用碱液喷淋,洗涤排风气流,中和、溶解气流中的酸性物质。高效过滤器使用特种纸质过滤膜,除去气流中的固体、液体微粒。

局部排风系统设有耐腐蚀玻璃钢风机 2 台。酸雾净化塔、配耐腐蚀泵 2 套,高效过滤器 4 台。

4. 综合数据

全面排风量:132 600 m^3/h;

局部排风量:3 375 m^3/h;

全面送风量:114 198 m^3/h;

送风机房面积:216 m^2;

排风机房面积:225 m^2。

三、自控仪表系统概述

工艺检测、控制系统采用德国 H & B 公司的 Freelance2000 集散控制系统(DCS),并辅以一些常规仪表共同完成检控任务。主控室内设仪表盘柜 13 块,操作台 6 个,模拟盘 1 块,计算机投影 1 套。

1. DCS

DCS 负责处理供取料厂房工艺参数和控制信号的输入、输出。工艺参数多为模拟信号,是温度、压力参数经变换后的电信号;控制信号则是数字信号,包括各类阀门的状态,温度、压力保护状态,加热器、风机、补压机、真空泵的工作状态,压热罐门的开关状态,电动阀门拒动报警信号等。

DCS 用来显示工艺流程参数,历史趋势并进行控制操作。它由 5 个过程站、3 个操作站和 1 个工程师站组成。5 个过程站中均布着供料系统的 5 个供料单元的所有模拟、数字输入/输出信号。供料净化及事故卸料系统、精料系统、贫料系统、真空系统和电伴加热系统的全部模拟和数字输入/输出信号则根据实际情况分布在 5 个过程站中,操作站由主机、显示器和打印机组成。操作员在任一操作站上都可监视或操作每个系统的工艺过程。

工程师站由一台便携式电脑组成。除了能在 Freelance-2000 的操作软件 Digivis 支持下完成操作站所有功能外,主要用于修改 DCS 内部的程序软件。

2. 常规仪表盘和手操台

常规仪表盘的功能是对工艺系统中重要参数的显示,以便更直接地了解工艺运行情况,并可防止 DCS 故障造成对工艺运行的不良影响。这些参数包括压热罐内容器表面温度和加热器表面温度,气动调节阀前管壁温度,气动调节阀前、后压力,供料干管压力,供料净化干管压力,1 m^3蒸发容器外壁温度,精、贫料补压机前后干管压力,盐水总管进、回水温度,50 L 容器进口干管压力,缓冲罐内压力,干压缩空气干管压力等。

在 DCS 发生故障时,系统自动切换到手操台,工艺人员可以通过手操台对供料容器加热和供料气动调节阀进行手操,用常规仪表盘监视供料参数,维持对离心级联的供料。通过常规仪表盘,还可以监视精料和贫料运行的主要参数,维持正常取料。

3. 温度和压力检测

温度检测采用铂电阻温度计和双金属温度计、玻璃液体温度计;压力测量采用绝对压力变送器、差压变送器和绝对压力表。其中双金属温度计、玻璃液体温度计和绝对压力表用于现场温度、压力指示。

常规盘上采用 XMZ-200 系列数字显示仪。电伴加热系统采用 RDP2-J3 型恒功率电热带和 G3NA-240B 型固态继电器。

四、电气系统简介

1. 供取料厂房负荷等级和电源供给

根据负荷的重要性,分为三级。

Ⅰ级负荷为全部电动阀门和自控系统。电源由低压配电室和 UPS 室各出一路。双电源自动切换。

Ⅱ级负荷为其他工艺设备和冷冻站设备用电。电源为低压配电室两段母线各出一路。双电源自动切换。

Ⅲ级负荷为风机类设备,单路供电。

供取料厂房的供电由 2 台容量为 800 kVA 的 6 kV/380 V 变压器组成双电源供电,两个电源各自带单数和双数的开关,并有联络开关相联。

2. 补压机及其电动阀门供电

精、贫料补压机由 WP21,WP14 两路供电,配电箱 4AP3。补压机电动阀门由 WP19 和 UPS 两路供电,配电箱 4AP1,4AP2。

3. 容器支管电动阀门供电

1) 供料净化、精料主容器支管电动阀门由 WP06 和 UPS 两路供电。配电箱 2AP4 供 FJ1nE01;2AP5、2AP6 和 2AP7 分别供精料 1、2 组,3、4 组和第 5 组 E01 电动阀门。

2) 贫料主容器支管电动阀门由 WP07 和 UPS 两路供电。配电箱 2AP1、2AP2 和 2AP3 分别供贫料第 1 组、2～4 组和 5～7 组的 E01 电动阀门。

3) 真空泵和缓冲罐的电动阀门由 WP14 和 UPS 两路供电。配电箱 5AP3 供缓冲罐的电动阀门,5AP4 供真空泵的电动阀门。

4) 50 L、1 m^3容器加热和真空泵由 WP17 和 WP12 两路供电。配电箱 5AP1 供 50 L、1 m^3容器加热;5AP2 供真空泵。

4. UPS 配电系统

所谓 UPS 是“不间断供电电源”的简称。用作在发生全面停电事故时,保证Ⅰ级负荷和事故照明的不间断供电。UPS 由蓄电池组和整流、逆变系统组成。供取料厂房设两套 UPS 交流电源,引自两段母线,由 WP03 和 WP10 两路供电。

UPS 负荷容量:有功功率 96 kW,无功功率 72 kVar,总容量 120 kVA。

5. 供取料厂房设备配电电压

50 L 感应加热器和各种颈部加热器是 AC 36 V,由 220/36 V 行灯变压器供电。其余用电设备为 AC 380/220 V 配电。

第二节 真空阀门

学习目标:通过学习,使学员掌握真空阀门分类、基本结构和工作原理,熟知真空阀门检查和维护要求。

一、概述

真空阀门是真空系统中用以调节气流量、切断或接通管路的元件。

真空阀门的种类繁多,根据阀门的工作特性,传动原理、联结方式和用途,其分类如表 7-1 所示。

表 7-1　真空阀门类别

分类方法	阀门名称
根据工作压力	低真空阀门、高真空阀门、超高真空阀门
根据用途	截止阀、隔离阀、放气阀、节流阀、换回阀、封闭送料阀
根据传动原理	手动阀、电动阀、手电两用阀、电磁阀、气镇阀、液压式真空阀
根据材料	玻璃真空活塞(考克)、金属真空阀
根据结构特点	挡板阀、翻板阀、蝶阀、连杆阀、闸阀、双通阀、三通阀、四通阀、直通阀、角阀

对真空阀门的基本要求是:尽可能大的流导、密封可靠、操作简便、密封部件耐磨性好、能反复使用、寿命长、容易清洗安装。此外,对于超高真空阀还要求能耐烘烤(450 ℃),对于节流阀要求能均匀调节气流量。

二、真空阀门型号、编制方法(ZBJ78016—1989)

1. 真空阀门型号

由基本型号和辅助型号两部分组成,中间用短横线隔开,型号构成如下图所示:

基本型号　　　　辅助型号

□　□　□　　□　□　□

□代表产品使用范围,以其关键字汉语拼音第一个字母(印刷体大写)表示,按表 7-2 之规定选用。

表 7-2　代号意义(一)

代　号	关键字意义及拼音
C	"超"高真空阀"chao"
G	"高"真空阀"gao"
D	"低"真空阀"di"

□代表阀板结构型式或产品职能类别,以其关键字汉语拼音第一(或第二)个字母(印刷体大写)表示,按表 7-3 之规定选用。

表 7-3　代号意义(二)

代　号	关键字意义及拼音	代　号	关键字意义及拼音
D	"挡"板"dang"	I	"蝶""die"
C	"插"板"cha"	Z	"锥"形"zhui"
F	"翻"板"fan"	W	"微"调"wei"
M	隔"膜""mo"	Q	充"气""qi"

□代表产品驱动方式,以其关键字汉语拼音第一个字母(印刷体大写)表示,按表 7-4

之规定选用(手动者省略)。

表 7-4　代号意义(三)

代　号	关键字意义及拼音
D	“电”动“dian”
C	“磁”动“ci”
Q	“气”动“qi”
Y	“液”动“ye”

□ 代表产品通道形式,以其关键字汉语拼音第一个字母(印刷体大写)表示,按表 7-5 之规定选用。

表 7-5　代号意义(四)

代　号	关键字意义及拼音
S	“三”通式“san”
J	直“角”式“jiao”

□ 代表产品规格参数—公称通径,以阿拉伯数字表示,单位为 mm。带充气的阀的规格参数之前,须添加印刷体大写字母 Q。

□ 代表产品设计序号,以罗马数字(Ⅰ、Ⅱ、Ⅲ、…)表示。

2. 产品型号意义

其示例如下:

1) GDQ-J300 气动挡板高真空阀,直角式公称通径 300 mm。

2) DDC-JQ50 磁动挡板低真空阀,直角式带充气公称通径 50 mm。

3) GI-50 手动蝶型高真空阀,公称通径 50 mm。

4) DW-2I 微调低真空阀,最大公称通径 2 mm。第一次改型设计。

5) CD-J25 手动挡板超高真空阀,直角式公称通径 25 mm。

6) CCQ-100 气动插板超高真空阀,公称通径 100 mm。

7) CDY-300 液动挡板超高真空阀,公称通径 300 mm。

三、常见各类真空阀门性能参数

真空阀门性能参数如表 7-6 所示。

表 7-6　真空阀门性能参数

序　号	名　称	规　格	图　号	开-关(刻度)
1	转筒真空阀(电动)	DY210	128-27-0014BO	100°～60°
2	转筒真空阀(手动)	DY210	128-58-0007BO	100°～60°
3	转筒真空阀(电动)	DY150	128-27-0026BO	100°～60°
4	转筒真空阀(手动)	DY150	128-58-0011BO	100°～60°

续表

序　号	名　称	规　格	图　号	开-关(刻度)
5	鱼雷真空阀(电动)	DY100	128-27-0029BO	0～3
6	鱼雷真空阀(手动)	DY100	128-58-0021BO	0～3
7	针形直通阀	DY25	128-12-0022BO	
8	针形阀	DY10	128-12-0021BO	
9	针形阀	DY3	128-58-0031BO	
10	闸板阀(电动)	ϕ124	112-58-Cδ2	90°～0°
11	闸板阀(手动)	ϕ124	112-58-Cδ1	120°～0°
12	气动调节阀	DN100		
13	电磁气动高真空耐压阀(角阀)	DN100		
14	电磁气动高真空耐压阀(角阀)	DN65		
15	手动高真空耐压角阀	DN100		
16	手动高真空耐压角阀	DN65		
17	手动高真空耐压角阀	DN25		
18	手动高真空耐压角阀	DN20		
19	手动高真空耐压角阀	DN16		
20	转筒真空阀	DN200	EJ160-75	100°～60°
21	转筒真空阀(电动)	DN125	EJ161-75	0°～160°
22	转筒真空阀	DN125A	EJ160-75	0°～160°
23	鱼雷真空阀(电动)	DN100	EJ159-75	30～0
24	鱼雷真空阀	DN100	EJ158-75	30～0
25	鱼雷真空阀(电动)	DN65	EJ159-75	
26	鱼雷真空阀	DN65	EJ157-75	
27	鱼雷真空阀	DN65	EJ158-75	
28	鱼雷真空阀	DN40	EJ158-75	
29	针形直通阀	DN25A	EJ155-75	
30	外螺纹真空阀	DN10B	EJ152-75	
31	针型阀	DN10	SO111	
32	针型阀	DN3A	EJ151-75	

四、针形阀 DN3、DN10、DN25 结构及工作原理

1. 结构

针形阀 DN3、DN10、DN25 在俄方规程中也分别称为 DY3、DY10、DY25 阀，其结构图分别如图 7-1、图 7-2、图 7-3 所示。

2. 工作原理

阀门的工作原理是以不同螺距的闭锁装置为基础。当手柄(手轮)1 顺时针转动时，阀门

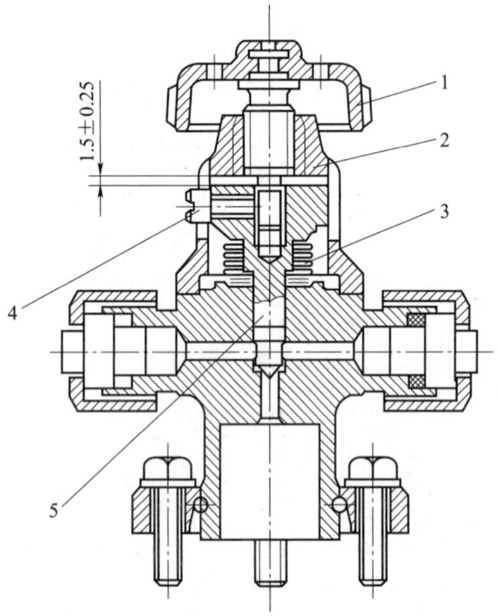

图 7-1　针形阀 DN3 结构图

1—手轮;2—杯形套;3—膜盒;4—螺杆;5—闭锁针轴

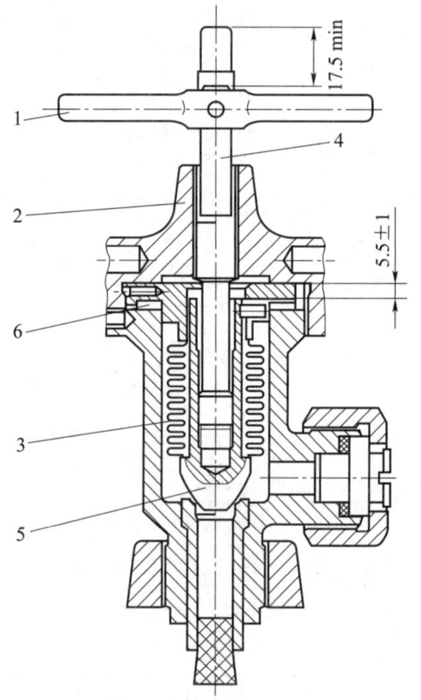

图 7-2　针形阀 DN10 结构图

1—手柄;2—杯形套;3—膜盒;4—螺杆;5—闭锁针轴;6—垫片

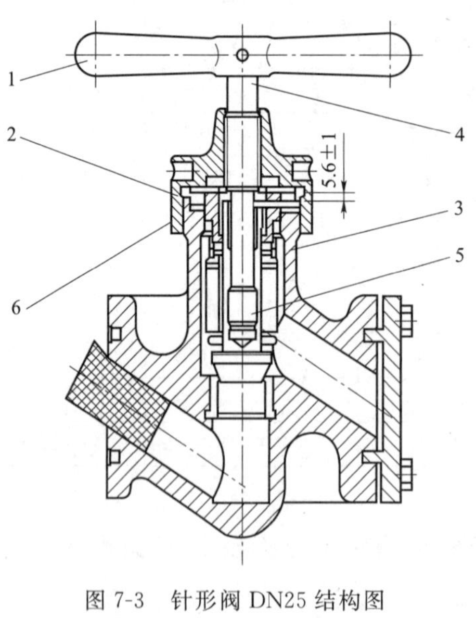

图 7-3　针形阀 DN25 结构图

1—手轮;2—杯形套;3—膜盒;4—螺杆;5—闭锁针轴;6—垫片

关闭,用一个螺扣把螺杆 4 拧入杯形套 2 中,并同时借助另一个螺扣拧入闭锁针轴 5 中,这样引起针轴向阀座方向的位移。而且杯形套 2 上的螺纹间距大于闭锁针轴 5 的螺纹间距。这样一来,当螺杆 4 完全旋转一圈时,闭锁针轴 5 位移一段距离,即该距离与杯形套和针轴相对应的螺距差相等。不同螺距的采用，可以在阀门打开或关闭时，均匀调节阀门的通过截面。实现阀门内腔与大气隔绝的密封，一方面是通过膜盒 3，另一方面是采用闸板密封，即闭锁针轴嵌合于阀座内（“金属对金属”）的办法。

五、鱼雷真空阀 DN100（手动）工作原理及结构

1）手动鱼雷真空阀 DN100 在俄方规程中也称为 DY100 阀，其结构图如图 7-4 所示。其工作原理为：阀座 3 加密封环 4 要紧固在壳体 1 的输入（短）管上。在阀门壳体 1 内设有连接连杆 12 的闸板 2。连杆 12 紧固在叉头 9 上，该叉头有两个半轴，可围绕半轴转动。叉头 9 与滑杆 8 移动连接。螺母 15 紧固在杯形套 13 上，借阀门打开（关闭）时沿螺杆 7 的轴线完成往复运动。弹簧组 14 用于调节关闭力度。定位螺栓 16、17 用于连杆 12 在打开（关闭）处于终点位置时的定位。

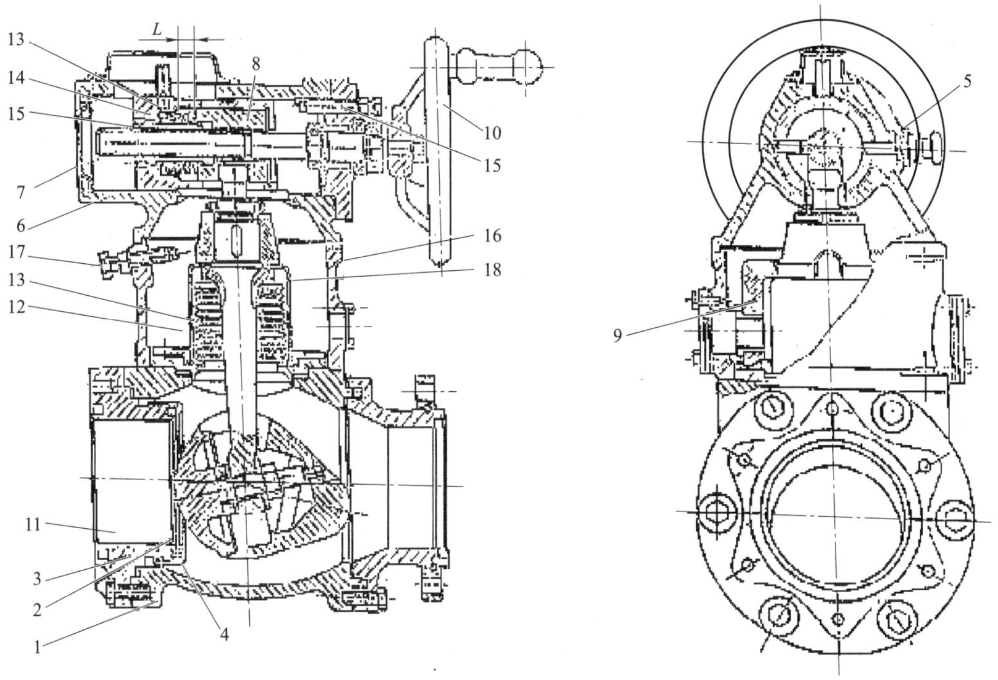

图 7-4　鱼雷真空阀 DN100（手动）结构图

1—壳体；2—闸板；3—阀座；4—密封环；5—定位销；6—壳体；7—螺杆；8—滑杆；9—叉头；10—手轮；11—膜盒；12—连杆；13—杯形套；14—弹簧组；15—螺母；16，17—螺栓；18—防护套

2）为排除阀门自行打开或关闭，特设有定位销 5，将其嵌入到螺杆 7 的沟槽中，以防螺杆 7 在阀门运动中转动。阀门内腔与大气隔绝的密封通过膜盒 11 和防护套 18 来保证，另一方面则采用闸板密封，即采用阀门移动闸板 2 紧压到氟塑料密封环 4 上的方法。

3）在阀门打开或关闭前，定位销 5 从螺杆 7 的键槽中拔出并转动 90°（制动）。当阀门关闭时（如果从手轮方向看，手轮 10 顺时针旋转），要转动螺杆 7，并借助螺母 15 使杯形套 13 同滑杆 8 和连杆 12 一起位移。连杆 12 在与叉头 9 围绕其半轴转动的同时，至使闸板 2 向阀座 3 方向位移。之后，闸板 2 依附在密封环 4 上，滑杆 8 停止不动，杯形套 13 在手轮转

动时继续向原方向位移并且挤压弹簧组 14,直至形成间隙“L”(即杯形套 13 上孔边缘与滑杆 8 端部间距离)。间隙“L”的值在阀门说明书中给出且与弹簧组 14 压力相符,这样可保证阀门关闭所必要的力度。

4) 阀门在打开状态下,闸板 2 要脱离阀座 3,使之形成杯形可通过截面,与阀门连接法兰同轴。在完全打开状态下,叉头 9 要抵到定位螺栓 17 上。在完全关闭状态下,当设定说明书中的“L”值时,滑杆 8 要抵到定位螺栓 16 上。当阀门完全打开或关闭之后,定位销 5 退回原位(嵌入螺杆 7 沟槽内)。

六、转筒真空阀 DN150(电动)工作原理及结构

1) 转筒真空阀 DN150(电动)在俄方规程中也称为 DY150 阀,其结构图如图 7-5 所示。其工作原理为:阀门壳体 1 的内腔配置有带支架 2 和闸板 6 的管子 27。阀门支架 2 用底端支撑并在轴座 28 内转动。定位螺杆 26 用于闸板沿壳体水平轴定位。支架 2 的上部配置孔中插入轴 25,该轴通过法兰固定在阀门壳体上。

2) 阀门支架 2 上固定有带闸板 6 的手柄 5。当手柄 5 围绕中轴 3 转动时,用闸板 6 关闭阀门。阀门的完全关闭由闸板 6 压紧密封环 4 来保证。此外,支架 2 上还装有:管子 27(阀门打开时工作气体可沿该管流动)和止动螺杆“Л”和“M”。阀门轴座 28 上拧入挡销“H”,用于限制支架的转动。

3) 设在手柄 5 的滚柱 7 要嵌入凸轮 8 的断面凹槽中,而手柄杆“K”,在阀门打开和关闭时,沿纺形板 22 的型面“C”和“T”位移。凸轮 8 紧固在轴 25 上,可置于法兰上的纺形板 22 则紧固在阀门的壳体上。

4) 阀门内腔与大气的隔绝的密封,可借助于垫片 9,氟塑料密封环 23 和 24,膜片 21,盘形弹簧 10 及橡胶防护套 20 来保证。密封环 23 和 24 用弹簧组 10 来压紧。

5) 轴 25 的转动(即阀门打开或关闭)可通过两种办法实现:

(1) 扳动手轮 19(借助蜗杆 16 和蜗轮 12 的传动)的办法,

(2) 由电动机先经过齿轮 18 与齿轮 17 传动,再经过蜗杆 16 和蜗轮 12 传动的办法。

正常状态下,手轮 19 不与蜗杆 16 啮合,因此在电动机工作时手轮不会转动。轴 25 上固定有凸轮 14 和 15,用于接通(切断)终端微型开关。

(3) 在打开状态下,阀门闸板 6 退到一侧,这时平滑管子 27 与阀门连接法兰同轴,构成一种流通截面,以此则可保证流体局部阻力系数接近零。在阀门“打开”的终点位置下,滚柱 7 处于凸轮 8 特形缺口“P”区间,手柄杆“K”处于距纺形板 22 异型面“T”的表面,C 形面较远处,而管子 27 所占据的位置,应使管端部处于阀门壳体 1 入口和出口。止动螺杆“Л”要触及档销“H”上。

(4) 当阀门关闭时,凸轮 8 与轴 25 共同转动,手柄 5 位移,而手柄杆“K”沿“T”表面向纺形板 22 的 C 形面滑动。带动管子 27 和闸板 6 的支架与手柄 5 共同转动。当轴 25、凸轮 8 和支架 2 由原始位置转动 90°时,手轮杆“K”处于与“C”表面相反的位置(剖面图 *Г-Г*),而螺杆“M”要触及挡销“H”上(剖面图 *E-E*)。正因为螺杆触及挡销的同时,可以阻止支架 2 再继续转动,所以轴 25 与凸轮 8 向该方向的继续转动会引起处于纺形板 22 凹槽内手柄 5 的滚柱 7 位移,沿凸轮 8 特形缺口向“Y”区移动,而手柄杆“K”会沿纺形板 22 的“C”表面移动。当滚柱 7 在凸轮 8 和手柄杆“K”特形缺口中沿纺形板 22“C”表面移动时,手柄 5 会促使闸板 6

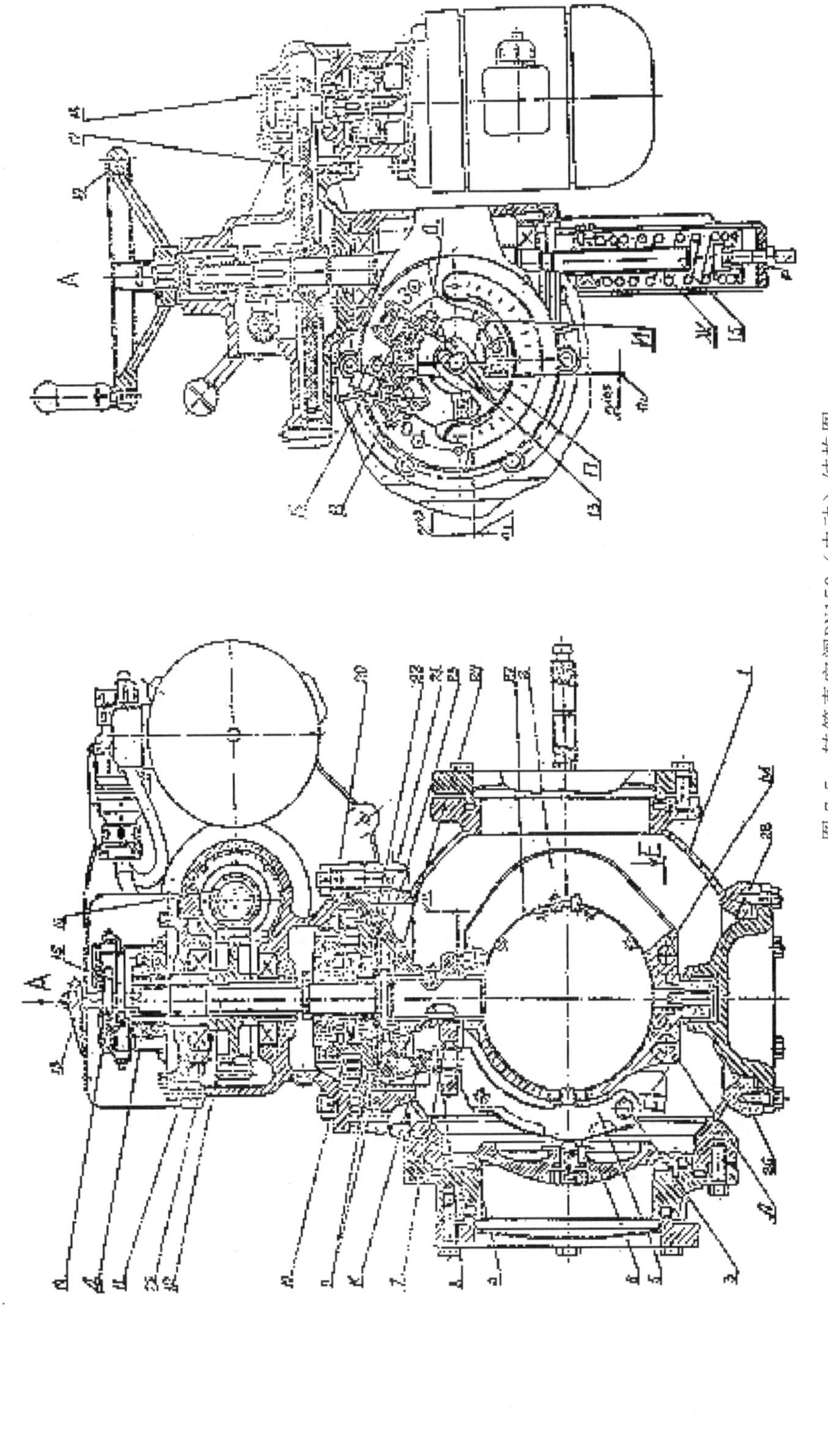

图 7-5　转筒真空阀DN150（电动）结构图

1—阀门壳体；2—支架；3—中轴；4—密封环；5—手柄；6—闸板；7—滚柱；8—凸轮；9—垫片；
10—盘形弹簧；11—球轴承；12—蜗轮；13—指示器指针；14，15—凸轮；16—蜗杆；17，18—齿轮；
19—手轮；20—橡胶防护套；21—膜片；22—纺形板；23，24—密封环；
25—轴；26—定位螺杆；27—管子；28—轴座

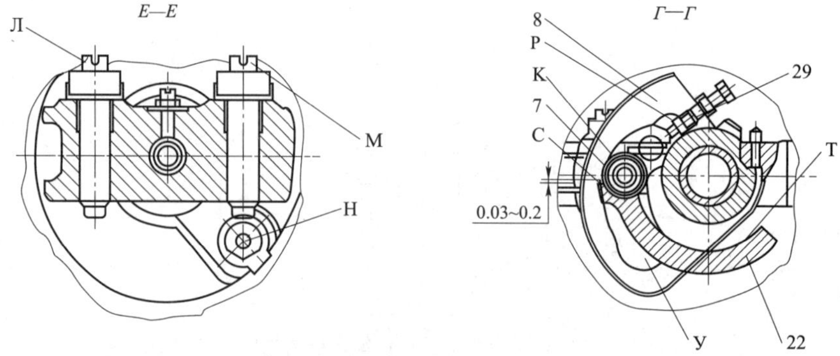

续图 7-5

1—壳体;2—支架;3—中轴;4—密封环;5—手柄;6—闸板;7—滚轮;8—凸轮;9—垫片;10—弹簧组;11—球轴承;12,17,18—齿轮;13—指示器指针;14—凸轮;15—蜗轮;16—蜗杆;19—手轮;20—防护套;21—膜片;22—纺形板;23,24—密封环;25—轴;26—定位螺杆;27—管子;28—轴垫;29—定位螺杆;Л—止动螺杆;M—止动螺杆;H—档销;K—手柄杆;Б—微型开关;И—止动螺杆;Д—止动螺杆;П—凸块;Ж—弹簧

向阀座方向位移,直到密封环 4 处挡住为止,并给予继续施压,以确保其密封性,满足这一点要求依赖于凸轮 8 特形缺口有着阿基米德螺旋线约 6.5 mm 的导程。阀门关闭之后,滚柱 7 要处于凸轮 8 特形缺口的端部,要有约 15 mm 的行程余量("Y"区域),指示器指针 13 处于壳体内字母"З"的对面,表明阀门处于关闭状态,凸轮 15 施压于微型开关"Б"按钮,而止动螺杆"И"和凸块"П"之间的间隙相当于"a2"值。

(5) 阀门要按逆序打开。当阀门打开时,指针处于在阀门壳体的字母"O"对面,表明阀门处于打开状态,凸轮 14 则施压于微型开关"Б"按钮,止动螺杆"Д"与凸块"П"之间的间隙相当于"a2"值。

七、高真空耐压直角阀的操作

各种高真空耐压直角阀在开关操作时,必须使用专用的力矩扳手以规定的力矩操作。关闭阀门时,当力矩扳手发出"咔哒"声后,不允许再施力。允许稍退回后,再关闭 2~3 次,每次关到"咔哒"声响为止。各种高真空耐压直角阀的允许关闭力矩如下:

对于国产阀门:	DN16 角阀	≯4.0 N·m;
	DN25 角阀	≯6.0 N·m;
	DN65 角阀	≯12.0 N·m;
	DN100 角阀	≯24.0 N·m;
对于进口阀门:	DN16/25 角阀	2.5~3.6 N·m;
	DN63 角阀	15~20 N·m。

八、真空阀门检查、维护

1. 手动阀门检查维护

(1) 阀门外观检查

1) 检查壳体上有无损坏和压痕。

2）检查指示器刻度和指针是否完整，指针位置是否正确。

3）检查紧固螺栓和部件是否完整。

4）手轮是否固定，手轮、手柄是否完好，有无定位销和定位螺钉。

5）外观检查部件表面有无腐蚀。

（2）阀门部件清洁

用棉布（或蘸有酒精等清洗液）擦拭外部部件上的污迹和灰尘，去除需加润滑油的零部件上的旧润滑油。

（3）阀门部件润滑

给轴承、衬套等零部件加润滑油。根据检修维护计划（每两年一次），通过注油孔给阀门注入润滑油。处于打开位置的阀门加油后，关 2～3 圈后恢复到打开位置。

2．电动阀门检查维护

（1）外观检查

1）检查壳体上有无损坏和压痕。

2）检查指示器刻度和指针是否完整，指针位置是否正确。

3）检查紧固螺栓和部件是否完整。

4）手轮是否固定，手轮、手柄是否完好，有无定位销和定位螺钉。

5）外观检查部件表面有无腐蚀。

6）取下模压外套，检查有关电气元件部件和导线的固定、焊接情况完好。

（2）阀门部件清洁

用棉布（或蘸有酒精等清洗液）擦拭外部部件上的污迹和灰尘，去除需加润滑油的零部件上的旧润滑油。

（3）阀门部件润滑

给轴承、衬套等零部件加润滑油。根据检修维护计划（每两年一次），通过注油孔给阀门注入润滑油。

3．工作性能检查

（1）手动检查

转动手柄，反复打开、关闭 5 次，动作平稳，无卡阻，无急跳、冲击现象。阀门在全开或全闭时，凸轮不应与限位（行程）开关脱离。

（2）电动检查

电动打开或关闭阀门 2 次，检查、测量阀门打开和关闭后的间隙，该测量值应介于表（11-1）所列的参数范围内，否则予以调整。调整后，继续检查 2 次。

4．开、关可靠性检查

电动打开或关闭后，继续手动方式转动 1/2 圈，以检查电动打开或关闭的可靠性（重复 2 次）。

第三节 低温容器

学习目标：通过学习，使学员了解自增压式液氮容器的结构与工作原理，掌握液氮蒸发器的结构、作用知识。

一、低温容器概念

用来储存和运输沸点温度低于120 K液态气体的设备均称为低温容器。最常用的低温容器是液氮容器和液氦容器。低温容器的分类如表7-7所示。

表7-7 低温容器分类

分类方式	低温容器类型	
按储存介质分	1) 液氦(4.2 K)容器	5) 液氩(87.3 K)容器
	2) 液氢(20.4 K)容器	6) 液氧(90.17 K)容器
	3) 液氖(27.3 K)容器	7) 液化天然气(112 K)容器
	4) 液氮(77.3 K)容器	
按绝热方式分	1) 堆积绝热低温容器	4) 高真空多层绝热低温容器
	2) 高真空绝热低温容器	5) 多屏真空绝热低温容器
	3) 真空粉末绝热低温容器	
按用途分	1) 小型容器(迪瓦瓶)	5) 玻璃低温容器
	2) 液氮生物容器	6) 自增压式低温容器
	3) 固定式低温储槽	7) 医用液氮容器
	4) 运输式低温储槽	8) 高压汽化式低温容器

二、自增压式液氮容器(ZBB 42004—1987)

1. 型号编制方法

Y—“液”字汉语拼音的第一个字母；

D—“氮”字汉语拼音的第一个字母；

Z—“自”汉语拼音的第一个字母；

50—容器有效容积，L；

W—“卧式”汉语拼音第一个字母。

示例1：YDZ-50表示有效容积50 L的立式自增压式液氮容器。

示例2：YDZ-200W表示有效容积200 L卧式自增压式液氮容器。

2. 自增压式液氮容器结构

自增压式液氮容器结构如图7-6所示。

3. 自增压式液氮容器工作原理

当内容器装有液氮时，排空阀、排液阀、升压阀关闭，液氮注入口螺塞旋紧。在上述均无泄漏的状况下，由于外容器对升压管的传热，使自行进入管内的部分液氮被吸热汽化。当开启升压阀时，被汽化了的氮气经过阀门立即进入内容器液面上部空间，同时，内容器的液氮又不断进入升压，吸热汽化，由于被汽化了的氮气的体积是液氮的数百倍，少量液氮汽化后

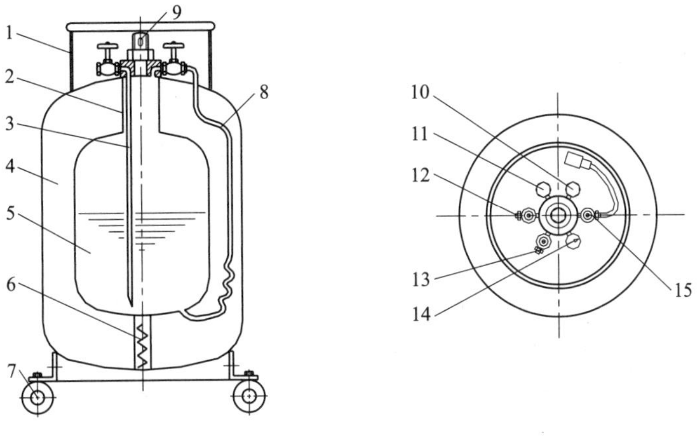

图 7-6　自增压式液氮容器结构示意较

1—扶圈；2—颈管；3—排液管；4—外容器；5—内容器；6—支撑；7—脚轮；8—升压管；9—螺塞及爆破片；10—二次安全阀；11——次安全阀；12—排液阀；13—排空阀；14—压力表；15—升压阀

获得的大量氮气源源不断通过升压阀门进入内容器，随着氮气进入量的增多，聚集在内容器液面上部空间的氮气逐渐开始对内容器的壁和液面产生压力，当压力表值达到 0.02 MPa 时，开启排液阀，液氮就会被氮气压出。

自增压式液氮容器升压排液示意图如图 7-7 所示。

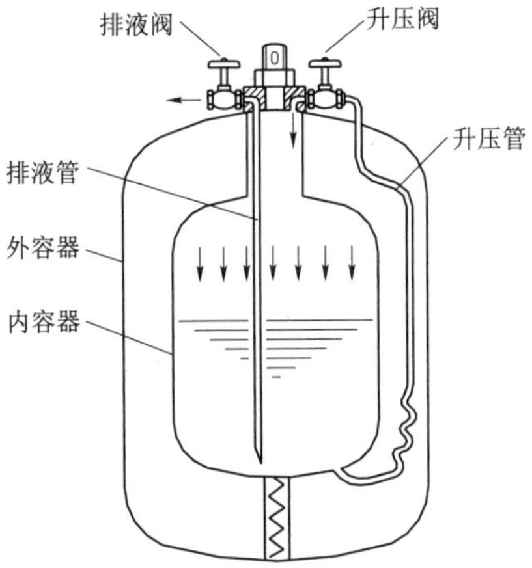

图 7-7　自增压式液氮容器升压排液示意图

4. 产品规格、性能参数和外型尺寸

产品规格、性能参数和外型尺寸如表 7-8 所示。

表 7-8　自增压式液氮容器规格、性能参数

型号	有效容积/L	几何容积/L	外形尺寸			空重/kg	日蒸发率/(%/d)	工作压力/MPa	输液速率/(L/min)
			长 j/mm	宽 b/mm	高 h/mm				
			上限						下限
YDZ-50	50	55	630	630	1 000	40	12	0.2	4
YDZ-100	100	10	750	750	1 250	71	1.2		6
YDZ-200	200	220	850	850	1 500	132	1.1		8
YDZ-200W			1 600	800	1 000	150	1.4		
YDZ-320	320	352	950	950	1 000	190	1.0		10
YDZ-320W			1 800	900	1 120	224	1.2		
YDZ-500W	500	550	2 000	1 000	1 250	335	1.0		12

三、液氮蒸发器

1. 概述

液氮蒸发器是由 ZDO-150/14-1 型低温液氮容器与 QQ-20/14 型移动式汽化器组成并配套使用的，其流程如图 7-8 所示。

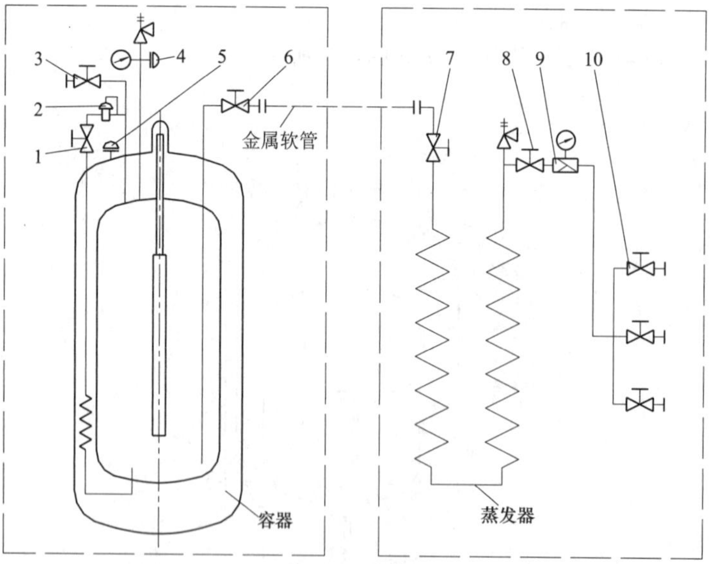

图 7-8　液氮蒸发器流程图

1—增压阀；2—压力调节阀；3—放空阀；4—内筒防爆器；5—外筒防爆器；6—充液取液阀；7—进液阀；8—截止阀；9—减压阀；10—用气阀

ZDO-150/14-1 型低温液氮容器，是用来贮藏液氧、液氩、液氮和其他低温液体的容器。QQ-20/14 型移动式汽化器，是装在手推车上，汽化能力为 20 m^3/h 的移动式汽化器。

使用气体时，把低温液氮容器与汽化器连接好，使低温液氮经过汽化器加温汽化，即能以规定的压力与流量，连续或间断的自动供给气体。低温液氮容器顶部装有压力调节阀，可根据需要在 0.49～1.20 MPa 表压范围内调整。汽化器上装有减压阀，可根据用气压力要求，进行调节。

2. 性能参数

(1) 低温液氮容器

几何容积：175 L，最大工作压力：1.373 MPa，容器试验压力：1.853 MPa；

材料：内筒 0Cr18N19、外筒 0Cr18N19；

充装量：液氧 168 kg，液氮 119 kg，液氩 210 kg；

内筒安全阀：1.442 MPa，内筒防爆器：(1.67±0.068) MPa；

外筒防爆器：(0.245±0.05) MPa，蒸发损失：≤1.2%/d(LO_2)；

自重：112 kg，外形尺寸(直径×高)Φ505×1 500 mm。

(2) 汽化器

型式：翅片式空气加热型；供气量：20 m^3/h(0 ℃，101.3 kPa)；

安全阀：1.44 MPa；压力调节范围：0.49～1.20 MPa；

自重：110 kg；外形尺寸(长×宽×高)：1 067 mm×992 mm×1 540 mm。

3. 液氮蒸发器结构

(1) ZDO-150/14-1 型低温液氮容器

ZDO-150/14-1 型低温液氮容器结构示意图 7-9 所示。

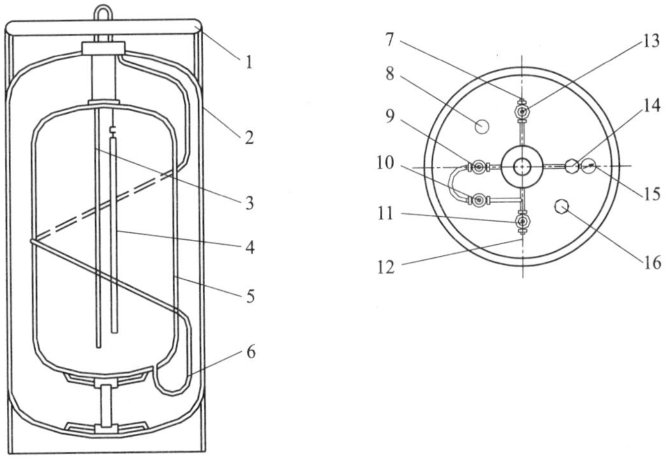

图 7-9 ZCD-150/14-1 型低温液氮容器结构图

1—手把环；2—外筒；3—取液管；4—液位计；5—内筒；6—增压器；7—充取液口；8—抽空嘴；9—增压管；10—压力调节器；11—放空阀；12—放空口；13—充液取液阀；14—内筒安全阀；15—内筒压力表；16—外筒防爆器

1) 增压阀：在取液或向汽化器供液时启用此阀。容器内压力就会逐渐升至到调节阀所调定的压力，充液或不用容器时一定要关闭此阀。

2) 压力调节阀：可使内筒压力逐渐上升到所调压力，并自动保持此压力。可按需要在 0.49～1.20 MPa 表压范围内调节，调节压力通过顶部的调节螺丝来进行。

3) 放空阀：内筒填充液体或需泄压时打开此阀，内筒升压时供液或供气关闭此阀。

4) 充液取液阀：本阀与取液管相连，用于从内筒下部填充液体。在使用液体时，将成为取液阀。

5) 液位计:液位计是浮子式液面计,可指示容器内液体的大概数量。本液面计是按液氧、液氮、液氩的工作介质分别进行设计。以液氧为例当液面计保护帽端面与 B 处红线平齐时,液体已达到填充装量,当保护帽端面与 A 处红线平齐时,液体已用完。

6) 内筒压力表:本表是弹簧管式压力表,可以指示内筒压力。

7) 内筒安全阀:此阀的设定压力为 1.44 MPa。当容器内压力上升、超过此值时,将自动开启,以保护内筒。

8) 内筒防爆器:是一个半球破裂式安全装置,通常开启内筒安全阀,但在紧急情况下,压力继续上升时开启的安全装置,设定爆破压力是(1.67±0.068) MPa。

9) 外筒防爆器:是防备真空夹层因内筒渗漏而超压的安全装置。防爆器爆破压力(0.245±0.05) MPa。

(2) QQ-20/14 型移动式汽化器

QQ-20/14 型移动式汽化器结构如图 7-10 所示。在低温液氮容器内取出液体,经汽化器汽化成气体。

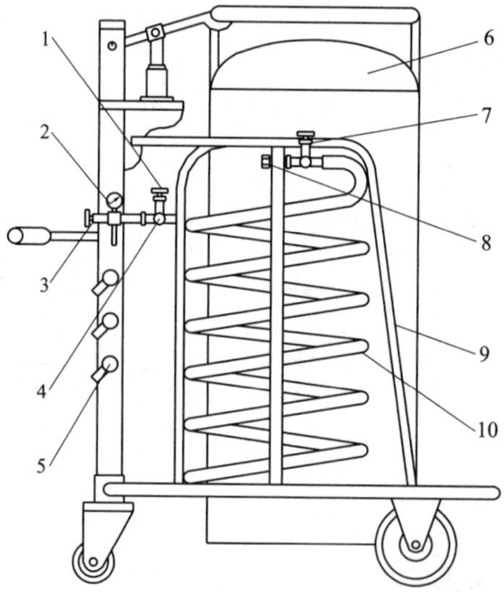

图 7-10　QQ-20/14 型移动式汽化器结构图

1—安全阀;2—压力表;3—减压阀;4—截止阀;5—用气阀;6—容器;7—进液阀;8—进液口;9—移动推车;10—翅片管

1) 翅片管:用于将管内低温液体与管外大气进行热交换而使液体汽化成气体。额定汽化量为 20 m^3/h 氧气,翅片管装在移动方便灵活的手推车上。

2) 进液阀:用于控制低温液体的进入。

3) 安全阀:汽化器压力不正常地上升时,防备超压的安全装置,设定压力为 1.44 MPa。

4) 截止阀:用于控制汽化气体的大小。

5) 减压阀:用于使汽化气体的压力调节到所需的压力,可根据需要用手轮进行调节。

6) 压力表:安装在减压阀上,为测定减压后的气体压力。

7) 用气阀:安装在车架上,打开此阀即能供应汽化后的气体。

第八章　生产准备工艺

第一节　级联核实物盘存

学习目标：通过学习，使学员掌握级联核实物盘存目的、时间、内容、数据的收集、计算和物料平衡分析。

一、级联核实物盘存目的、内容、时间和操作要求

1. 盘存目的

对于核材料、有关设备和技术的应用及控制管理，国际国内都有相关的规定，如，我国有《中华人民共和国核材料管制条例》。铀浓缩工厂实施核物料盘存不仅仅是出于核材料控制的要求，同时也是对级联生产运行状况的大检验，对工艺技术方法和设备性能的检验；对于实际工作具有积极的指导作用。同时也是为了掌握级联各种物料的收支情况，分析工艺回路的运行效果，更好地维护分离设备和各系统的安全、稳定、经济运行，采用定期不停产方法对工艺系统进行实物盘存。

1）以核材料管制的“一克不丢，一件不少”的管理目标为原则进行核物料盘存，使核材料处于受控状态。

2）为铀浓缩工厂的设计和运行管理提供参考。

3）使铀浓缩生产物料平衡方法和核材料管理规范化、统一化。

4）便于确定离心生产工艺线中“损耗量”这一物项，可使核材料中的每一物项均为有依据的定测数据或经验数据。

5）便于确定铀浓缩生产物料平衡中腐蚀损耗的量值。

通过盘存分析计算铀浓缩生产过程中核物料的分布、收支情况，核算工艺回路中工作物质的充填量，核算工艺回路中工作物质的腐蚀损耗量；根据物料平衡情况分析工艺回路的运行效果，及时制定、修正运行方法，以达到分离系统的安全、稳定、经济运行。

2. 级联盘存内容（衡算周期内）

1）所有供料及供料净化的物料量，包括喷淋收料量。

2）所有贫料量。

3）所有精料及精料净化的物料量。

4）卸料凝冻器和净化凝冻器物料量。

5）送清洗车间容器清洗量。

6）级联所有取样量。

7）工艺回路充气量。

8）腐蚀损耗量。

3. 级联盘存时间

根据核材料管理办法的规定，盘存时间为：当年 1 月 1 日 0:00 时至 12 月 31 日 24:00 时。

4. 盘存操作要求

因采用级联不停产方法对工艺系统进行实物盘存，要提前编写方案，做好工艺系统的供料、精料、贫料单元以及净化用各种容器的相应热备用和冷备用，要求在规定的盘存时间内准确进行容器转换，转换后确定工艺回路无异常，再对转出容器解冻至规程规定时间，然后进行容器的拆装和称重。

(1) 制订盘存计划

通常情况下，在实施核物料盘存前，要提前制定好生产管理计划做到合理的生产运行管理安排。

(2) 编制盘存方案

要提前编写并讨论通过盘存操作方案，做好工艺系统的供料、精料、贫料单元容器以及其他各容器的相应备用和检修需要，并要求在规定的盘存时间准确进行容器转换，通过称重获得容器中物料量。在盘存操作方案中，要对物料盘存的各个环节，如，供、精、贫系统及辅助系统切断、容器拆装、称重等方面提出明确技术要求，要求按照物料分类，记录实测盘存数据，避免漏记、漏测、漏算。

(3) 根据盘存所获取的数据，进行核物料平衡计算。

二、收集数据和计算

1. 收集数据

1) 原料领料量、供入量、结余量。

2) 产品生产量、交出入库量、结余量。

3) 贫料生产量、交出入库量、结余量。

4) 中间容器(包括非标容器)和凝冻器的生产量。

5) 轻杂质生产量、交出的清洗量。

6) 机组及 MKK 管道充气量：按提供的离心机充气量和管道充气量估算值为 120 kg UF_6。

7) 腐蚀损耗量：提供的单机损耗量，以实测值进行衡算。

8) 取样量：所有杯型、U 形、气态样品的重量。

2. 数据计算

(1) 本盘存周期内原料实际供料量的计算公式

$$G_{供}=G_{初}+G_{总调}-G_{末}-G_{交} \quad (8-1)$$

式中：$G_{总调}$——为本期调入量，kg；

$G_{初}$——为期初结余量，kg；

$G_{末}$——为期末盘存量，kg。

(2) 本盘存周期内产品生产量的计算公式

$$G'_{生}=G'_{交}+G'_{末}-G'_{初}-G'_{调} \quad (8-2)$$

式中：$G'_{交}$——为本期产品交出量，kg；

$G'_{初}$——为期初结余量，kg；

$G'_{末}$——为期末盘存量，kg；

$G'_{调}$——为本期调入量，kg。

（3）本盘存周期内贫料生产量的计算公式

$$G''_{生}=G''_{交}+G''_{末}-G''_{初}-G''_{调} \tag{8-3}$$

式中：$G''_{交}$——为全年产品交出量；

$G''_{初}$——为期初结余量，kg；

$G''_{末}$——为期末盘存量，kg；

$G''_{调}$——为本期调入量，kg。

（4）充气量的计算公式

1）机组充气量的计算公式为：

$$G_{充气量}=G_{单机充气量}\times N+G_{管道充气量} \tag{8-4}$$

式中：$G_{单机充气量}$——单台离心机腐蚀量，kg；

N——级联的离心机总台数，台；

$G_{管道充气量}$——级联工艺管道充气量，kg。

2）MKK 管道充气量的计算公式为：

$$G_{MKK}=\frac{13.6\times p_{CP}\times V_{MKK}}{2.41T_{CP}} \tag{8-5}$$

式中：p_{CP}——为管道首末两端压力平均值 $p_{CP}=\dfrac{p_1+p_2}{2}$，Pa；

V_{MKK}——为级联工艺管道总容积，m^3；

T_{CP}——为 MKK 管道温度平均值，K。

（5）腐蚀损耗量的计算公式

$$G_{腐蚀}=G_{单机损}\times N+G_{官道损} \tag{8-6}$$

式中：$G_{单机损}$——单机腐蚀量，kg；

N——级联的离心机总台数，台；

$G_{官道损}$——级联工艺管道腐蚀量，kg。

（6）横项平衡计算公式

$$G_{期初}+G_{调入}+G_{生产}=G_{消耗}+G_{调出}+G_{期末}-G_{盘盈} \tag{8-7}$$

式中：$G_{期初}$——期初结余量，kg；

$G_{生产}$——本期生产量，kg；

$G_{调入}$——本期调入量，kg；

$G_{期末}$——期末存量，kg；

$G_{调出}$——本期调出量，kg；

$G_{消耗}$——本期供入量，kg；

$G_{盘盈}$——本期盘盈量，kg。

（7）MUF 值的计算公式

$$\mathrm{MUF}=\mathrm{PB}+X-Y-\mathrm{PE} \tag{8-8}$$

式中:MUF——无名损失,kg;

PB——本周期起初实物存量,kg;

X——存量增加的总和,kg;

Y——存量减少的总和,kg;

PE——本周期内期末实物存量,kg。

(8) 按实际称重结果计算

中间容器、凝冻器的生产量、轻杂质生产量、清洗量、取样量按实际称重结果计算。

三、盘存结果分析

根据“核物料平衡计算”的结果,结合盘存期的生产运行的实际内容,对核物料管理、级联生产运行状况、工艺技术方法和设备性能等方面进行分析,编写、填报盘存报告或总结报告。

通过对MUF值的计算结果,得出级联生产过程中工艺运行效果,找出生产存在的薄弱环节,提出改进建议,更好地维护分离设备和各系统的安全、稳定、经济运行。

第二节 气体吹洗系统

学习目标:通过学习,使学员掌握气体吹洗系统的结构、作用和操作要求。

一、气体吹洗系统结构和作用

(以中核兰州铀浓缩有限公司四期工程为例说明)

1) 气体吹洗系统用于离心级联大厅及03c1厂房的工艺回路上的工艺设备,供、精、贫料容器拆装前有关节点、腔体和管道残余工作气体的破空吹洗。也可用于其他临时抽空。

2) 气体吹洗装置设置在03c1厂房,设两套装置工作,2套装置可相互转换。

3) 气体吹洗系统主要包括:2台24 L的凝冻器(VS11A、VS12A),2台化学吸附器(VS21A、VS22A),2台金属陶瓷过滤器(VS31A、VS32A),2台喷射泵(VS51A、VS52A),3台2H-15真空泵(VS41A、VS42A、VS43A)。

4) 气体吹洗系统分VS01管线和VS02管线。其中VS01管线用于精料净化3M(D)容器吹洗管线、精料及供料50 L容器吹洗管线、精料及供料20 L容器吹洗管线、级联大厅吹洗管线、贫料系统3 m^3吹洗管线、精贫料加压装置系统的吹洗;VS02管线用于接通供料及供料净化系统气体吹洗管线和精料取料系统吹洗管线。两套装置可通过1VS02M02阀门相互转换。两套装置共用VS41A、VS42A、VS43A一组真空泵。为了降低运行能耗和建设费用,将离心级联大厅与03c1供取料厂房共用一套气体吹洗系统。

5) 离心级联大厅吹洗管线与贫料吹洗系统管线经精料吹洗系统管线上1VS01M12阀门与气体吹洗系统相连接,供料及供料净化系统气体吹洗管线经1VS02M03阀门与气体吹洗系统相连接,真空系统气体吹洗管线经1VS01M02阀门与气体吹洗系统相连接。

6) 2个24 L凝冻器用来冷凝从工艺回路中来的工艺气体,2台化学吸附器用来吸收未被24 L凝冻器冷凝的工艺气体,2台金属陶瓷过滤器用来拦截从化学吸附器中带出的粉尘颗粒,喷射泵和真空泵用来抽空经过金属陶瓷过滤器过滤的工艺气体,从真空泵出来的工艺尾气经真空系统工艺尾气管线、03c1 厂房局部排风系统最终排至大气。

二、气体吹洗系统的操作

1）气体吹洗系统的设备状况和工艺线路在不进行与抽空工艺容积有关的工作时，应处于正常的备用状态。

2）将工艺检测和信号报警的所有传感器和仪表接通工作。

3）真空泵 VS41A、VS42A、VS43A 断开工作，阀门 1VS41E01、1VS42E01、1VS43E01、1VS41L01、1VS42L01、1VS43L01 关闭。

4）喷射泵 1VS51A、1VS52A 断开工作，打开阀门 1KF01L02、1KF01J01、1KF01L03，关闭阀门 1VS51L01、1VS51M01、1VS52L01、1VS52M01，打开和传感器仪表 1VS51P01、1VS52P01 连接的取压阀。

5）接通工作的 24 L 凝冻器的迪瓦瓶内，冷冻液氮液面要保持在 1/3～2/3 高度范围内。

6）关闭阀门 1VS31M03、1VS32M03、1VS21M03、1VS22M03、1VS11M03、1VS12M03、1VS01M02、1VS01M05、1VS02M02、1VS02M03、1VS11M01、1VS11M02、1VS12M01、1VS12M02。

打开阀门 1VS40M01、1VS40M02、1VS40M03、1VS40M04、1VS31M01、1VS31M02、1VS32M01、1VS32M02、1VS21M01、1VS21M02、1VS22M01、1VS22M02、1VS01M01、1VS02M01，打开连接传感器和仪表 1VS41P01、1VS42P01、1VS43P01、1VS31P01、1VS31P02、1VS32P01、1VS32P02、1VS21P01、1VS22P01、1VS11P01、1VS11P02、1VS12P01、1VS12P02 的取压阀。

7）将气体吹洗装置上 3 台真空泵，1 台接通到自动控制工况，1 台备用，1 台检修。3 台真空泵的工作状态定时轮换。

8）关闭未投入冷冻的冷凝容器上从支管到容器的进口阀门 1VSmnM01（m＝1；n＝1、2）和容器到支管的出口阀门 1VSmnM02（m＝1；n＝1、2）、容器本身阀。

9）打开气体吹洗系统的其余所有阀门，关闭现场仪表测量阀。

10）气体吹洗系统中的压力保持不大于 267 Pa（2 mmHg），用仪表 1VS31P01 或 1VS32P01 检测压力，一昼夜不少于一次。

11）在压力增加至大于 267 Pa（2 mmHg）时，打开真空泵出口阀门 1VS4mL01（m＝1、2、3），真空泵接通工作后，进口阀门 1VS4mE01（m＝1、2、3）联锁打开。在气体吹洗系统压力下降小于 67 Pa（0.5 mmHg）时，关闭阀门 1VS4mE01（m＝1、2、3），真空泵断开工作并关闭阀门 1VS4mL01（m＝1、2、3）。

三、供料系统及精料取料装置吹洗管线接通到气体吹洗系统抽空时的操作

（以中核兰州铀浓缩有限公司四期工程 VS12A 工作为例）

1）供料系统进行抽空时，禁止对 03c1 厂房贫料系统、离心级联大厅和真空系统进行吹洗、抽空工作，为此关闭 1VS01M02、1VS01M01、1VS01M05、1VS02M02 阀门，打开 1VS02M03、1VS02M01、1VS02M12 阀门。关闭、检查关闭所有连接到 VS02 吹洗管线上的与供料系统吹洗无关的阀门 1FRmnM02（m＝0～9；n＝1、2）。

2) 检查 VS12A 凝冻器液氮液位在 1/3～2/3 高度范围内，冷冻正常，容器内压＜100 Pa。打开凝冻器进出口阀门 1VS12M01、1VS12M02。

3) 打开真空泵进出口冷却水阀门，给真空泵供冷却水，检查压缩空气系统工作正常，检查喷射泵、真空泵油位正常。

4) 如果对供料 0～4 单元区域的设备抽空，则关闭阀门 1VS02M06；如果位于供料 5～9 单元区域的设备抽空，则关闭阀门 1VS02M09，打开阀门 1VS02M06；如果对供料净化单元 FJ11A～FJ14A 和精料取料单元 PR07A、PR08A 的相关设备抽空，则关闭阀门 1VS02M12，打开阀门 1VS02M06、1VS02M09；如果对精料取料单元 PR01A～PR06A 的相关设备抽空，则打开阀门 1VS02M12、1VS02M09 1VS02M06。

5) 打开工作真空泵 VS4mA(m＝1、2、3)的出口阀门 1VS4mL01(m＝1、2、3)，启动真空泵正常后，打开进口阀门 1VS4mE01(m＝1、2、3)，真空泵接通工作，不允许真空泵前的压力增加大于 0.02 MPa(150 mmHg)，用传感器 1VS4mP01(m＝1、2、3)检测压力。

6) 工艺设备吹洗结束后，关闭凝冻器 VS12A 进出口阀门 1VS12M01、1VS12M02。断开真空泵进出口冷却水阀门，停止给真空泵供冷却水。

四、精料净化系统吹洗管线接通到气体吹洗系统抽空时的操作

(以中核兰州铀浓缩有限公司四期工程 VS11A 工作为例)

1) 精料净化系统进行抽空时，禁止对 03c1 厂房供、贫料系统、离心级联大厅和真空系统进行吹洗、抽空工作，为此关闭 1VS02M03、1VS02M01、1VS02M02、1VS01M02、1VS01M12、1VS01M15、1VS01M24 阀门，打开 1VS01M01、1VS01M05、1VS01M21 阀门。关闭、检查关闭所有连接到 VS01 吹洗管线上的与精料净化系统吹洗无关的容器进出口阀门。

2) 检查 VS11A 凝冻器液氮液位在 1/3～2/3 高度范围内，冷冻正常，容器内压小于 100 Pa。打开凝冻器进出口阀门 1VS11M01、1VS11M02。

3) 打开真空泵进出口冷却水阀门，给真空泵供冷却水，检查压缩空气系统工作正常，检查喷射泵、真空泵油位正常。

4) 打开工作真空泵 VS4mA(m＝1、2、3)的出口阀门 1VS4mL01(m＝1、2、3)，启动真空泵正常后，打开进口阀门 1VS4mE01(m＝1、2、3)，真空泵接通工作，不允许真空泵前的压力增加大于 0.02 MPa(150 mmHg)，用传感器 1VS4mP01(m＝1、2、3)检测压力。

5) 在工艺设备抽空至压力不大于 13.3 Pa(0.1 mmHg)时关闭 1VS4mE01(m＝1、2、3)，真空泵断开工作并关闭阀门 1VS4mL01(m＝1、2、3)。

6) 工艺设备吹洗结束后，关闭凝冻器 VS11A 进出口阀门 1VS11M01、1VS11M02。断开真空泵进出口冷却水阀门，停止真空泵供冷却水。

五、贫料取料系统吹洗管线接通到气体吹洗系统抽空时的操作

(以中核兰州铀浓缩有限公司四期工程 VS11A 工作为例)

1) 贫料取料系统进行抽空时，禁止对 03c1 厂房精料、供料系统、离心级联大厅和真空系统进行吹洗、抽空工作，为此关闭 1VS02M03、1VS02M01、1VS02M02、1VS01M02、1VS01M15 阀门，打开 1VS01M01、1VS01M05、1VS01M21、1VS01M24 阀门。关闭、检查关闭所

有连接到 VS01 吹洗管线上的与贫料取料系统吹洗无关的阀门 1WRmM04、1WRmM05(m＝01～30)。

2) 检查 VS11A 凝冻器液氮液位在 1/3～2/3 高度范围内，冷冻正常，容器内压小于 100 Pa。打开凝冻器进出口阀门 1VS11M01、1VS11M02。

3) 打开真空泵进出口冷却水阀门，给真空泵供冷却水，检查压缩空气系统工作正常，检查喷射泵、真空泵油位正常。

4) 如果位于贫料取料容器 WR01A～WR04A 之间的设备抽空，关闭阀门 1VS01M24；如果位于贫料取料容器 WR05A～WR10A 之间的设备抽空，则关闭阀门 1VS01M27，打开阀门 1VS01M24；如果位于贫料取料容器 WR11A～WR20A 之间的设备抽空，则关闭阀门 1VS01M30，打开阀门 1VS01M24、1VS01M27；如果位于贫料取料容器 WR21A～WR30A 之间的设备抽空，打开阀门 1VS01M24、1VS01M27、1VS01M30。

5) 打开工作真空泵 VS4mA(m＝1、2、3)的出口阀门 1VS4mL01(m＝1、2、3)，启动真空泵正常后，打开进口阀门 1VS4mE01(m＝1、2、3)，真空泵接通工作，不允许真空泵前的压力增加大于 0.02 MPa(150 mmHg)，用传感器 1VS4mP01(m＝1、2、3)检测压力。

6) 在工艺设备抽空至压力不大于 13.3 Pa(0.1 mmHg)时关闭 1VS4mE01(m＝1、2、3)，真空泵断开工作并关闭阀门 1VS4mL01(m＝1、2、3)。

7) 工艺设备吹洗结束后，关闭凝冻器 VS11A 进出口阀门 1VS11M01、1VS11M02。断开真空泵进出口冷却水阀门，停止真空泵供冷却水。

六、精贫料系统补压机及加压泵装置接通到气体吹洗系统抽空时的操作

(以中核兰州铀浓缩有限公司四期工程 VS11A 工作为例)

1) 对精贫料系统补压机及加压泵装置上的工艺设备进行抽空时，关闭 1VS01M15、1VS01M21、1VS02M02、1VS02M03、1VS01M02 阀门，打开 1VS01M05、1VS01M01 阀门。

2) 检查 VS11A 凝冻器液氮液位在 1/3～2/3 高度范围内，冷冻正常，容器内压小于 100 帕。打开凝冻器进出口阀门 1VS11M01、1VS11M02。

3) 打开真空泵进出口冷却水阀门，给真空泵供冷却水，检查压缩空气系统工作正常，检查喷射泵、真空泵油位正常。

4) 将临时跨接管从需要抽空的工艺设备上的阀门接到最近的气体吹洗系统干线管道的自由阀 1VS01M08～1VS01M20 上(精料：1VS01M08～1VS01M11；贫料：1VS01M016～1VS01M20)。

5) 在与干线管道相邻的阀门上安装压力仪表。阀门打开，然后关闭。用仪表自身读数在 5 min 内检查压力仪表连接处的密封性。不允许压力变化。打开接到压力仪表的阀门。

6) 打开接有临时跨接管的气体吹洗系统干管上的自由阀。在压力平衡后，用压力仪表检查临时跨接管连接处的密封性，30 min 压力不变为合格。

7) 打开连接有临时跨接管的工艺设备上的阀门，将该设备与气体吹洗系统连接。

8) 打开工作真空泵 VS4mA(m＝1、2、3)的出口阀门 1VS4mL01(m＝1、2、3)，启动真空泵正常后，打开进口阀门 1VS4mE01(m＝1、2、3)，真空泵接通工作，不允许真空泵前的压力增加大于 0.02 MPa(150 mmHg)，用传感器 1VS4mP01(m＝1、2、3)检测压力。

9) 在工艺设备抽空至压力不大于 13.3 Pa(0.1 mmHg)时关闭 1VS4mE01(m=1、2、3),真空泵断开工作并关闭阀门 1VS4mL01(m=1、2、3)。

10) 工艺设备吹洗结束后,关闭凝冻器 VS11A 进出口阀门 1VS11M01、1VS11M02。断开真空泵进出口冷却水阀门,停止真空泵供冷却水。

七、吹洗设备维护保养

1) 化学吸附器 VS21A、VS22A 中作为吸附剂使用的铝胶(Al_2O_3)应在 773K(500 ℃)温度下干燥。允许用 $Ca(OH)_2$ 代替铝胶。

2) 化学吸附器 VS21A、VS22A 中吸附剂按下述要求判断是否需要更换:即冷凝容器更换期间,从真空泵排气阀每月一次采集的空气样品的分析结果是否符合企业制定的氟离子环境许可标准来判定。已超过企业规定的氟粒子卫生允许标准,在此情况下停止使用该化学吸收剂,并将吸收剂更新。

3) 为了避免来自大气中的氧气在冷凝容器迪瓦瓶中积累而可能引起的迪瓦瓶爆炸,应定期的、每月不少于一次将迪瓦瓶解冻。为此,进行冷凝容器的更换,将液氮完全蒸发,吹干工作过的迪瓦瓶。不允许对与吹洗装置干管连接的容器解冻。

第三节 吹洗用液氮装置

学习目标:通过学习,使学员掌握气体吹洗用液氮装置的结构、作用和操作要求。

一、装置的用途及注意事项

1) 装置主要用于生产准备工作中需对设备打开内腔的工作。如:离心级联阀门更换、MKK 料流孔板更换时,必须事先用液氮蒸汽对其进行破空、吹洗。

2) 主设备用液氮蒸汽破空通过安装在设备上的自由阀门进行。

3) 将装置移动至工作场所要用用人力进行,不允许装置碰撞工艺设备。

4) 装置的布置要考虑保证车辆和人员在施工现场的通行。

5) 液氮用运输容器运到施工现场,其数量为工艺设备相应体积充气所需之量。

6) 在进行零件表面与装置和工艺设备内腔接触的工作时要戴清洁的厚白棉布或棉布手套。

7) 吹洗装置与工艺设备连接时,连接的配合表面要用浸湿丙酮的厚白棉布擦拭,检查垫圈的完整性并用浸湿酒精的厚白棉布擦拭。

8) 在装置运行过程中,工具、盲板、紧固件、垫圈要放到厚白棉布上。

二、装置结构及各部件作用

1. 吹洗用液氮装置结构

吹洗用液氮装置结构图如图 8-1 所示。

2. 各零部件作用

1) 在不锈钢制圆柱形容器 2 内有一短管与容器底部密封连接,通过该短管液氮从容器输进蛇形管蒸发器 5。

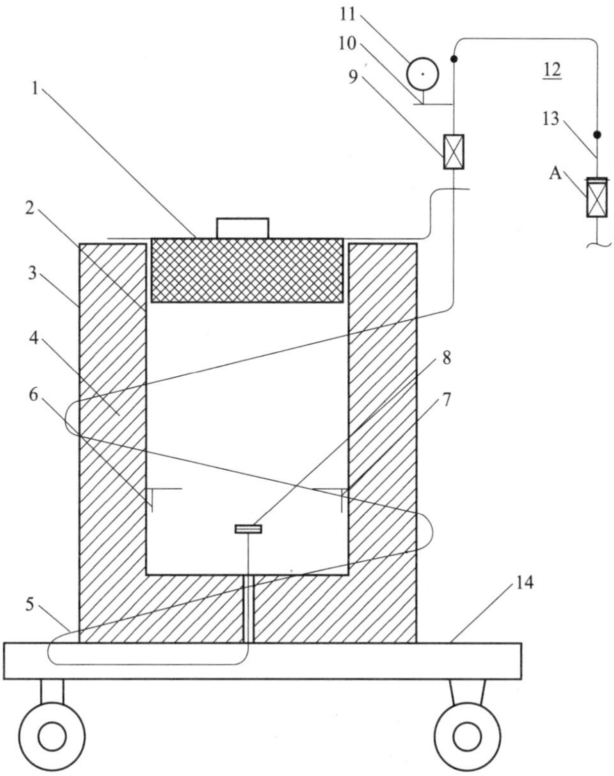

图 8-1　吹洗用液氮装置结构图

1—保温盖；2—圆柱形容器；3—外壳；4—保温材料；5—蛇形管蒸发器；6，7—液位指示器；8—过滤器；9，10—阀门；11—真空计；12—跨接管；13—连接管；14—运输小车；A—设备阀门

2）处于容器内的短管端部法兰连接的接头上安装有网格尺寸为 0.07 mm 的镍网制作的可拆卸过滤器 8，以防污物和水落入工艺设备内腔。

3）在容器内装有液氮下限液位指示器 6、7，这些指示器安装在高于带过滤器的短法兰平面 100 mm 处。

4）用铜管制作的蛇形管蒸发器 5 实地安装在容器外壳 3 的周围。蛇形管蒸发器的一端与从容器底伸出的短管密封连接，在固定于容器上部的蛇形管蒸发器另一端上装有带阀门 9 的法兰。

5）外壳 3 和容器 2 之间的空间填充保温材料 4，容器用保温盖 1 盖住。

6）在跨接管 12 的一端上有带阀门 10 的短管和用于与阀门 9 连接的法兰。在跨接管的另一端上安装带流量孔板的连接管 13。在阀门 10 上安装真空计 11。

7）带外壳和蛇形管蒸发器的容器固定于运输小车 14 上，使装置能够在工艺设备的各种范围内移动。

三、装置破空、吹洗的具体操作

1. 装置工作前的准备

吹洗用液氮装置在工作前必须由技术部门按规程所规定的项目进行逐项检验，合格后方可使用。详细内容如表 8-1 所示。

表 8-1 吹洗用液氮装置工作前的检查项目

序号	检查项目	检查方法	合格标准
1	容器和盖子内表面清洁度	从装置的容器取下盖子,用厚白棉布擦拭	不允许在厚白棉布上有污痕
2	过滤器网的完整性	目视检查	过滤器网应完好无损
3	检视流量孔板表面	取下安装在跨接管上的盲板。从包装箱中取出带有与被破容器相应的流量孔板的连接管	不允许有凹痕和压痕
4	检查连接表面的清洁度,垫圈的清洁度	目视检查	不允许有污物
5	检查装置与工艺设备连接的密封性	将带流量孔板的连接管安装到跨接管上,将真空计安装到阀门上	真空计测量压力示值在 5 min 内不允许有增值

2. 用液氮装置破空、吹洗的具体操作步骤

1) 用自由阀将被破空设备连接至气体吹洗系统,抽空至容器内压力小于 0.2 mmHg。

2) 将真空计垂直安装到工艺设备的自由阀门上,用以测量被破空设备容积内的压力。打开阀门,使真空计腔内压力与被抽空设备中压力平衡,关闭阀门,并检查真空计和阀门连接的密封性。真空计测量压力示值在 5 min 内不增长为合格。

3) 利用液氮容器给装置的容器 2 充液氮至距容器 2 上缘 80～100 mm 的液位,用盖子盖住容器。

4) 打开装置上的阀门 9,保持一段必要的时间,以使液氮蒸汽将跨接管内空气排出。

5) 将装置上的连接管 13 与工艺设备上的阀门 A 连接起来,同时保证连接的密封性。

6) 关闭装置上的阀门 9,打开工艺设备上的阀门 A,使跨接管 12 中的压力与被抽空设备中的压力平衡。关闭工艺设备上的阀门 A 并检查装置与工艺设备连接的密封性。真空计测量压力示值在 5 min 内不增长为合格。

7) 打开装置上的阀门 9,打开工艺设备上的阀门 A,用液氮蒸汽对工艺设备容积按 5、10、20、50、100、200 mmHg、大气压分阶段进行破空,每阶段保持 5 min,同时进行阀门与真空计连接处密封性和阀门通道检查。

8) 当工艺设备容积内压力超过大气压力 700～900 Pa(5～7 mmHg)时,停止破空。利用气体吹洗系统将破空容积抽空至压力小于 26.6 Pa。

9) 在破空过程中不允许装置容积中液氮液位下降到低于液位活瓣指示器 6 和 7。

10) 重复 7)～9)操作 3～7 次,对破空容积内气体取水样。若水样不合格,继续进行吹洗直至水样合格。

11) 破空容积内气体水样合格后,在工艺设备容积破空结束后,关闭阀门 A,关闭阀门 9。从装置和工艺设备上卸下带连接管 13 的跨接管 12,给阀门和跨接管安装盲板。

12) 利用吹洗系统对破空管段抽空后,接探漏仪,并探漏合格。

13) 对破空管段 6 h 冷冻测量合格。

14) 从跨接管上卸下带流量孔板的连接管和真空计,并将其放入包装箱。给跨接管装

盲板并放到装置的小车上。

15）在装置容器中液氮完全蒸发后用盖盖上容器。

四、移动式吹洗小车破空、吹洗的具体操作步骤

1）准备工作：

① 在吹洗工作开始前，向吹洗小车 3 L 凝冻器的迪瓦瓶内注入液氮，液面要维持在 2/3 的高度上。冷冻 30 min 后，方可使用。

② 用真空泵组将容器和连接管抽空到 100 Pa 以下。

③ 检查大漏合格，真空泵排气接厂房局排系统。

2）检查关闭容器阀门，关闭连接管上的阀门。拆下连接管上的接头盲板，连接吹洗软管，用移动泵将软管抽空。

3）打开连接管上的阀门，对连接管抽空到 100 Pa 以下，关闭吹洗小车凝冻器进口阀。

4）用吹洗小车连接管上的 DN3 阀门对吹洗管段破空到大气后，关闭 DN3 阀门。

5）打开凝冻器进出口阀，对连接管抽空到 100 Pa 以下，完成一次．吹洗操作。

6）重复 4～5 条，反复吹洗 5 次为合格，关闭连接管上的阀门。

7）拆下已吹洗合格的容器连接管，容器阀门上堵头。

五、装置的维护保养

1）每月对装置过滤器清洁度和完整性进行一次检查，用丙酮清洗过滤器网，装置表面除油。

2）每三个月用探漏仪对蛇形蒸发器的密封性进行一次检查，用压缩空气吹洗蛇形管。

3）每六个月用丙酮浸湿的厚白棉布擦拭装置内表面除油一次。

第九章　事故处理

第一节　核事故

学习目标：通过学习，使学员了解核事故概念和等级划分，掌握六氟化铀外泄事故现象现象和处理原则。

一、核事故概念

对于核事故的定义，不同的国家，不同的组织机构，不同的行业，甚至行业内部的不同单位对核事故的定义，也不尽一致。并且在核生产事故、核事故以及其他概念间，存在概念和性质界定不够明晰，有混用的现象。近年来，国际上对于核事故、核事件的定义，已逐步达成共识，形成了统一的定义。一般来说，在核设施（例如核电厂、核燃料厂、核元件制造厂、核废料处理厂等）内发生了意外情况，造成放射性物质外泄，致使工作人员、公众受到超过或相当于规定限值的照射的事故，则称为核事故。显然，核事故的严重程度可以有一个很大的范围，为了有一个统一的认识标准，国际上把核设施内发生的有安全意义的事件分为 7 个等级，从高到低分别对应"极大事故、严重事故、具有厂外风险的事故、主要在核设施内的事故、严重事件、事件、异常"。

二、核事故等级划分

国际核事件分级的一般准则和实例如表 9-1 所示。由表可以看出，只有 4～7 级才称为"事故"。5 级以上的事故需要实施场外应急计划，这种事故世界上共发生过 4 次，即苏联切尔诺贝利事故、日本福岛核事故、英国温茨凯尔事故和美国三哩岛事故。

美国三哩岛事故——反应堆的堆芯部分熔化，是迄今压水堆核电厂发生的最严重的事故。然而，事故对环境和居民没有造成任何危害，也没有造成工作人员伤亡，事实证明压水堆核电厂的各项安全措施是有效的和可靠的。苏联的切尔诺贝利事故与日本福岛核事故是迄今世界核电史上最严重的两次事故。

表 9-1　国际核事件分级的一般准则和实例

描述和 INES 级别	人和环境	设施的放射屏障和控制	纵深防御	实例
特大事故 7 级	• 放射性物质大量释放，具有大范围健康和环境影响，要求实施所计划的和长期的应对措施			1986 年苏联切尔诺贝利核电站（现属乌克兰）事故 2011 年日本福岛第一核电站事故

续表

描述和 INES 级别	人和环境	设施的放射屏障和控制	纵深防御	实例
重大事故 6 级	• 放射性物质明显释放，可能要求实施计划的应对措施			1957 年苏联基斯迪姆后处理厂（现属俄罗斯）事故
影响范围较大的事故 5 级	• 放射性物质有限释放，可能要求实施部分所计划的应对措施 • 辐射造成多人死亡	• 反应堆堆芯受到严重损坏 • 放射性物质在设施范围内大量释放，公众受到明显照射的概率高。其发生原因可能是重大临界事故或火灾		1957 年英国温茨凯尔军用反应堆事故 1979 年美国三哩岛核电站事故 1987 年巴西戈亚尼亚铯-137 放射源污染事故
影响范围有限的事故 4 级	• 放射性物质少量释放，除需要局部采取食物控制外，不太可能要求实施所计划的应对措施 • 至少有 1 人死于辐射	• 燃料熔化或损坏造成堆芯放射性总量释放超过 0.1% • 放射性物质在设施范围内明显释放，公众受到明显照射的概率高		1973 年英国温茨凯尔后处理厂事故 1980 年法国圣洛朗核电站事故 1983 年阿根廷布宜诺斯艾利斯临界装置事故
重大事件 3 级	• 受照剂量超过工作人员法定年限值的 10 倍 • 辐射造成非致命确定性健康效应（例如烧伤）	• 工作区中的照射剂量率超过 1 希/小时 • 设计中预期之外的区域内严重污染，公众受到明显照射的概率低	• 核电厂接近发生事故，安全措施全部失效 • 高活度密封源丢失或被盗 • 高活度密封源错误交付，并且没有准备好适当的辐射程序来进行处理	1989 年西班牙范德略斯核电站事故
一般事件 2 级	• 一名公众成员的受照剂量超过 10 毫希 • 一名工作人员的受照剂量超过法定年限值	• 工作区中的辐射水平超过 50 毫希/小时 • 设计中预期之外的区域内设施受到明显污染	• 安全措施明显失效，但无实际后果 • 发现高活度密封无监管源、器件或运输货包，但安全措施保持完好 • 高活度密封源包装不适当	
异常 1 级			• 一名公众成员受到过量照射，超过法定限值 • 安全部件发生少量问题，但纵深防御仍然有效 • 低放射源、装置或运输货包丢失或被盗	
无安全意义（分级表以下/0 级）				

三、六氟化铀外泄事故现象和处理原则

盛有UF_6的容器或其他设备破损造成UF_6外泄，其事故的严重性主要取决于操作的温度和压力。如果操作的温度和压力高于UF_6的三相点，UF_6呈液态，则容器失效可使高压UF_6液体喷出，造成大范围的空气和表面污染。事故的危险性大，危害严重。反之，操作压力低于大气压，则在设备失效时，首先是空气漏入设备，然后才是UF_6气体外泄，事故的严重性要低得多。铀浓缩厂供取料厂房工艺设备的操作压力一般在大气压以下，即使失效，也不会引起严重的污染事件。但供料容器如果液化操作，就存在潜在危险，一旦泄漏，后果严重。因此，尽管容器有压热罐保护，还应尽量避免液化操作。必须液化操作时，液态UF_6容器决不允许移动或吊运，必须待其中物料全部凝固才可搬运。

发生UF_6容器破损事故时，对容器适当冷却可以有效地控制外泄，通常可以喷水冷却，但须勿使水流直接喷射容器的破损处而使水进入容器。水不仅可以起到冷却作用，而且水与外泄的UF_6气体反应的生成物可以起到堵塞漏点、阻止容器中物料继续外泄的作用。用大容量的二氧化碳灭火器向容器破损处喷射二氧化碳可以安全地起到冷却和阻止泄漏的作用。

为了能及时处理UF_6外泄事故，供取料厂房应经常备有处理设备和用品，包括个人防护用品如防毒面具、防护衣等和冷却容器用的二氧化碳灭火器、水源等。进行存在UF_6外泄可能的工作，如容器拆装，必须佩戴防毒面具；一般的防护口罩，即使带有过滤层，也只能防止粉尘吸入，不可能过滤掉有害气体如UF_6或HF。

四、氟化氢外泄事故现象、原因和处理原则

盛有HF的容器或其他设备破损或阀门通道有漏造成HF外泄，其事故的严重性也主要取决于操作的温度和压力。如果操作的温度和压力低于−83 ℃，HF呈固态，则在设备失效或有漏时，首先是空气漏入设备，然后才是HF气体外泄，事故的严重性要低一些，启动对事故区域的抽空、排风，在一定的防护措施下及时对失效容器进行必要的关断或其他处理，随后转移到事故处理专用容器进行处理。如果操作的温度和压力高于−83 ℃，HF呈液态，容器失效有漏时，温度越高时，高压的HF越可能沸腾喷涌而出，事故的危险性大，造成大范围的空气和表面污染，危害严重。此时工作人员必须尽快撤离失效容器的工作区域，启动事故区域的排风，关闭厂房的送风，在穿戴好防护用品后进入现场处理：对失效容器进行液氮制冷；采取相关阀门的关断或密封，阻止HF进一步外泄；随后转移到事故处理专用容器进行处理。如果，容器失效损坏严重，无法进行关断、密封处理，必须进行相关的专业处理或将外泄的HF抽除到相关容器或尾气处理室进行收集处理。对于突发性氟化氢沾污事故，当厂房中HF浓度较大(达到13.3 mgHF/m^3)，工作人员在进入沾污区处理事故时，暴露的连续工作时间不应超过10 min。

五、核临界事故的预防措施和处理原则

铀-235的丰度在1%以上的铀化合物都有临界问题。氢-铀原子比小于0.088，它相当于99.5%的UF_6纯度规格。临界事故一旦发生，不仅造成产品损失，而且会对在场人员造成严重的辐射伤害。

如盐水取料的精料容器破裂，盐水进入容器与六氟化铀发生化学反应，形成溶液。由于溶液中的大量氢离子的慢化作用，使铀自发裂变产生的中子慢化成热中子。当溶液中的氢铀比达到一定数值时，就会发生自持的中子链式反应，这就是临界事故。核临界事故危害严重，必须确保杜绝；核临界事故预防措施和处理原则主要有：

1）为防止核临界精料容器取料时应套上保护杯，杯中盐水量不超过 60 L，这样即使容器焊缝破裂，杯中盐水进入容器也不至于发生临界事故。

2）如果保护杯破损或因其他原因杯中盐水超标，再加上容器破裂，大量盐水与精料反应形成高氢铀比的溶液，就有可能进入核临界时间，因此必须对精料保护杯进行定期检查，并测量其中的盐水量不超过 60 L。

3）万一发生临界事故，一旦发现马上报警，现场人员必须立即撤离，若容器在工作中，则由控制室远距离操作切断精料。

第二节 供取料厂房工艺事故处理

学习目标：通过学习，使学员了解供取料厂房事故分类，掌握事故处理原则和组织原则，熟悉工艺事故处理操作要求。

一、工艺事故的分类及处理原则

1. 事故分类

供取料厂房可能发生的工艺事故可分为以下三类：

一类事故——主工艺系统非开放性事故。此类事故包括系统有漏，物料在管线中冷凝，供料轻杂质过多，供料、取料线路阻断，精、贫料倒灌等。

二类事故——系统运行的辅助系统故障。包括仪表自控系统故障，电气设备故障或事故停电，停压缩空气，停水，加热箱系统故障、冷风箱系统故障等。

三类事故——主工艺系统开放性事件。因工艺设备破损、密封破坏而使工作物质外泄，不仅危及供料、取料正常运行，而且危及在场人员的人身安全，包括容器破裂、连接管破裂等。

2. 供取料厂房事故处理原则

发生一、二类事故时，首先要尽量维持供、取料的正常运行，将发生事故的区域与供、取料工艺回路断开。使事故影响的范围尽可能缩小，然后针对事故性质进行必要的处理。发生三类事故时，在工作气体大量外泄或发生临界事故的厂房，首先要求在场人员迅速撤离，在事故区域以外穿好防护服，戴上防毒面具或呼吸器，再进入现场进行处理。

3. 事故处理的组织原则

由于供取料工艺过程的连续性和工艺事故的突发性，要求岗位值班人员在一旦发现事故时，按照边处理、边汇报的原则，迅速判断事故性质，进行力所能及的处理。同时，应及时、正确地向值班主任报告事故性质和处理情况。

事故危及主工艺正常运行，由值班主任统一指挥，组织处理。重大事故，对主工艺运行已构成危害，如供、取料切断，料流倒灌，工艺管线大漏，UF_6 泄漏事故等，值班主任在组织人员进行处理的同时,须及时、正确地向车间和有关处室领导汇报事故性质、影响范围和处理情况。

二、供料装置事故及处理

(以中核兰州铀浓缩有限公司离心工程为例说明)

1. 供料容器或连接支管破损

供料容器或连接支管破损,容器内压力视破损程度和加热温度会发生不同的变化。如容器内部温度不高于 54 ℃,容器内正常压力低于大气压,则破损会使容器内压力上升,破损处物料外泄,但压热罐内压力不会上升。如容器内温度高于 54 ℃,容器内正常压力高于大气压,则破损将使物料从破损处喷出,压热罐内压力上升。如容器已投入供料,破损将首先引起供料轻杂质大量增加。一旦发现破损事故,应立即处理。

1) 备用中的压热罐内供料容器发生破损,净化时轻杂质,特别是空气大量增加,闪蒸、试供不合格。应立即停止容器加热,停风机,该单元退出备用。

2) 正在供料的单元中供料容器发生破损事故,首先是供料轻杂质增加,供料压力参数异常上升,应立即关闭单元的 FBn1Q02 电磁气动阀,退出供料。同时将备用单元投入运行,维持正常供料。

3) 对因发生事故退出运行或备用的单元,可分别关闭过滤器前阀门 FLn1M01 或 FLn2M01,打开 FBn1Q04 电磁气动阀向净化容器泄放,以判断发生破损的容器或连接管。

4) 组织厂房事故排风。厂房内保持负压,事故区关闭进风口,全开排风口。

5) 接通事故卸料线的电伴加热,维持温度(70±5) ℃。

6) 事故卸料线路连接。打开 FJ00M02 及 FJ00M14、FJ00M16(FJ00M13、FJ00M15),接通 3 m^3冷凝容器。缓慢打开发生事故压热罐的 FYnnM05 角阀,对压热罐卸料。

7) 启动真空泵,连接抽空线路,保证压热罐卸料正常,使压热罐内压力低于大气压,以防罐内沾污气体外泄。

8) 事故处理人员在穿戴好防护衣,防毒面具或呼吸器后,打开压热罐密封门,迅速关闭容器本身阀门,关闭密封门。

9) 关闭 FYnnM05 阀门,暂停卸料。对容器连接管抽空,判断是否有漏。若连接管有漏,则对压热罐内通风吹扫;经闭锁球阀进气,从 FYnnM05 阀门抽空。并经压热罐 FYnnM04 阀门对管内空气采样合格后,再打开罐门,处理漏点。根据罐内沾污程度进行处理。

10) 若容器本身有漏,则持续卸料。待容器降至室温,再按 4.2 条进行处理。

11) 如卸料量较大,一台 3 m^3 容器不能容纳,可酌情打开 FJ00M13、FJ00M15(FJ00M14、FJ00M16)与另一台 3 m^3容器连通,向备用的 3 m^3容器卸料。打开以上阀门前,必须十分仔细地检查线路。

2. 供料系统漏气

供料系统通常在负压下运行,系统有漏时外界空气漏入系统,引起离心级联的轻杂质持续上升并居高不下,必须立即处理。

1) 备用单元投入工作,同时原工作单元退出运行:关闭 FBnT01 气动调节阀,压热罐维持加热。

2）如果级联轻杂质下降，表明原工作单元有漏，如仍持续上升，则关闭除运行单元以外各保温箱的FBn1M01和FBn1M02、M03阀门，在各供料单元寻找漏源。

3）有漏的供料单元与工艺回路断开后，立即通过净化线抽空单元管线，停止压热罐加热，打开压热罐门，关闭供料容器本身阀门。抽空后，停止保温箱和过滤器加热，分段关闭阀门，寻找有漏的管段或阀门。

4）对有漏的管段破空吹洗或充氮吹洗。然后进行找漏、消漏或更换有漏的管件、阀门。漏点消除后按规定进行抽空、检漏并真空测量合格后，恢复运行。

5）如级联轻杂质仍在增加，则供料总管有漏，切断供料，对两根供料总管分别找漏。关闭FG00M11，FG00M12阀，与01a大厅配合尽快找到漏点，消漏后投入运行。

6）若供料系统大漏，导致1号、2号料流入口阀门自动关闭，则立即停止供料，经净化线对系统抽空，然后分段截断找漏、消漏，经探漏不漏，对1号、2号料流抽空后，再恢复供料。

7）如从供料单元中未找到漏点，应考虑料瓶中轻杂质过多，可对料瓶进行净化，判断。合格后重新投入供料，备用单元同时退出，恢复备用状态。

3. 供料管线或蒸发管线冷凝阻塞

供料、蒸发管线压力过高或供料蒸发管线因电伴加热故障而温度过低，管线上保温材料开裂，供料过滤器温度过低，保温箱内温度过低，均可导致气体物料在管道、设备、阀门中冷凝，严重时会导致管线阻断。

1）供料、蒸发管线的某一管段压差异常增大，容器高温闪蒸后压力恢复较慢，线路上阀门开闭不灵活，压力仪表反应迟缓，应考虑物料在其中冷凝的可能性。

2）检查压力异常管段的电伴加热温度，管线上保温材料是否开裂，检查过滤器温度，保温箱温度和容器加热温度及管道内压力。如因管线、设备温度偏低造成了物料冷凝，应恢复或提高加热温度，或酌情降低容器加热温度，降低蒸发管线的压力，以促使冷凝的物料蒸发。

3）如冷凝现象未能及时发现，或发现后相应措施不到位，冷凝导致线路阻断，对于供料应投入备用单元，原工作单元退出运行。对蒸发倒料工作，则应停止蒸发容器加热，暂停倒料，关闭容器阀门。

4）疏通因物料冷凝而阻塞的管线，主要措施是对该管段抽空：经净化线路，将管线中冷凝的物料抽到各级冷凝容器中。如冷凝管段为容器支管，抽空前应关闭容器本身阀，以防容器中物料被抽走。

5）为促使冷凝物料的蒸发，可对堵塞管段加热，但必须控制加热温度不超过54 ℃，以防物料液化膨胀导致管线破裂，发生泄漏事故。

6）冷凝现象消除，管线加热温度恢复正常后，恢复原供料线路或重新接通蒸发倒料。

7）对于因为有物料冷凝造成开关不灵活的阀门，禁止用力操作。直至抽空或加热（<54 ℃）使物料蒸发后恢复灵活状态。

三、带料容器冒烟

带料容器在室温下发生破损，物料外泄，发生“冒烟”现象，应立即按《UF_6泄漏应急现场处置方案》处理。

1）如容器在加热过程中的冒烟，应立即切断加热，关闭蒸发线路和容器上的阀门。

2) 组织事故通排风。现场人员穿戴好个人防护用具。

3) 对破损冒烟处局部冷却。可用水流喷向冒烟处。水可以冷却容器,而且泄漏的 UF_6 气体与水反应生成的水解产物可堵塞破损处,起到制止冒烟的作用。喷水以制止冒烟为度,注意切勿使水从破损处进入容器。用二氧化碳灭火器向冒烟处喷射二氧化碳,也可对容器起到局部冷却作用,制止冒烟。

4) 将破损容器拆下,吊入事故容器。打开阀门后,事故容器封盖,待善后处理。

5) 检查事故容器压力,如高于大气压,应对其抽空。

6) 室温下带料容器冒烟,用湿布或湿海绵等物敷设冒烟处,可有效地制止冒烟。或者用毛毯包住容器冒烟处,在毛毯上浇液氮冷冻,制止冒烟后,将容器吊入事故容器,打开容器阀门,事故容器封盖,待善后处理。

四、冷凝容器破损

容器在低温下材料变脆,若遭强烈撞击,可能发生破损。精、贫料取料容器运行中破损,导致运行参数破坏,应及时处理。

1) 运行中的容器破损,反映为轻杂质增加,有破损的容器支管压力偏高。精料净化时可发现净化气流中氟化氢增加,空气量很少,利用短时间关闭进口手阀可判断破损的容器,有破损的支管压力偏高。将破损的容器应立即与取料线路断开,同时投入备用容器,维持正常取料。

2) 带料冷凝容器发生破损,在破损处覆盖毛毯,浇注液氮后,立即吊入未运行供料压热管内,打开容器进出口阀后,利用事故卸料线向 3 m^3 容器抽空。

3) 从破损容器吊入压热罐为止的时间内,可能有工作气体逸出。现场需组织事故通排风,做好个人防护,事故区打开局部排风,关闭进风口。参加事故处理人员穿戴好防护用具。

五、物料在管线中冷凝

取料补压机后环线干管和各节点支管,在容器受料工作后期,压力较高。如果管线电伴加热未接通或局部失效,可导致物料冷凝,严重时可造成阻塞,应妥善处理。

1) 物料在管线中冷凝,冷凝量不大时,不易发现。加强巡视高压管段的电伴加热温度,防止管线局部温度过低是防止物料冷凝的有效方法。

2) 物料在管线中冷凝,可引起阀门开关不灵活,压力仪表反应迟缓等现象。如冷凝量较大,且在流动管段,则可能出现流动压差增大现象。

3) 发现物料在管线中冷凝,应检查管线电伴加热温度。恢复加热或提高加热温度,使冷凝的物料逐渐蒸发。

4) 如果管线已经被冷凝的物料阻断,则应接通备用管线或接通备用容器。原管线保持与取料管线连通,并进行加热,但必须控制加热温度不超过 54 ℃,以防物料液化发生危险。

5) 用分段检查管线中压力的方法,判断其中冷凝的物料是否已完全蒸发。确认已蒸发完毕后,恢复运行线路,保持正常的电伴加热。

6) 冷凝容器颈部阻塞。精、贫料取料主容器因处于低温状态,特别是颈部温度较低。若此处温度低于容器进口压力对应的 UF_6 饱和温度,就有可能发生局部冷凝,形成阻塞。

7) 取料容器颈部物料局部冷凝,可造成容器进口压力不正常波动,以致突发性上升。

避免颈部冷凝的有效方法是对容器颈部适当加温。若发现容器进口压力突然快速上升，应立即接通备用容器。

六、盐水系统故障对工艺的影响和处理

（以中核兰州铀浓缩有限公司离心工程供取料厂房为例说明）

冷冻盐水的正常循环和正常温度是保证精、贫料取料主容器正常运行的必要条件。发现异常，应及时处理。

1）迪瓦瓶中盐水循环量不足或回水温度过高，对精、贫料取料，特别是容器的后期运行会产生一定的影响，使装料量难以达标。

2）同组并联工作的容器，如果盐水循环量差异过大，可导致最终装料量不均衡。必须监视各工作容器的回水温度，巡视盐水循环状况。

3）因冷冻站盐水泵停车或盐水管道大漏造成的盐水循环中断，迪瓦瓶中冷冻盐水液面下降会造成取料参数异常上升。为维持取料正常，必要时可接通备用取料容器。

七、事故停电对供取料厂房主工艺的影响及处理

供取料厂房工艺系统为双电源供电，另设有 UPS 不间断供电，保证在外电源停电时，电磁气动阀、电动阀和气动调节阀正常供电。

1）停电对供料系统的影响及处理。

2）外电网停电，压热罐加热、过滤器加热、电伴加热、保温箱加热均被切断。如停电时间短暂，由于电磁气动阀、气动调节阀能照常通电，依靠自然蒸发和加热设备的余热，可维持一段时间的供料，必要时可投入备用单元。恢复供电后，恢复原供料状态，备用单元退出，检查各加热系统正常工作。

3）停电时间较长，供料不能维持，则切断供料，打开压热罐密封门，关闭容器本身阀。管线中残料泄放到冷冻容器中。

4）恢复供电后，按投入供料的步骤重新恢复供料。

5）如果在净化操作中发生停电事故，则因真空泵停运，应立即停止净化操作。关闭各级容器的进、出口阀门和线路的截断阀。

八、停电对精、贫料系统的影响及处理

1）运行中的补压机因停电而停车，则出口电动阀由 UPS 供电而将自动关闭，备用补压机因停电不能启动，将造成取料线路切断，应及时处理

2）停电造成盐水机组、盐水泵停运，盐水停止循环。如停电时间较短，盐水的热容量能使取料容器维持一段时间的取料工作，现场应密切注意运行参数，注意盐水液面，必要时关闭盐水泵出口阀，防止盐水液面下降。

3）恢复供电后，重新启动盐水机组和盐水泵，打开盐水泵出口阀，恢复盐水正常循环。

九、真空机组停电处理

正在工作的真空机组停电，真空泵停运，进口电动阀应自动关闭，现场停止净化、抽空工作，关闭各级冷冻容器进、出口阀门。恢复供电后，按正常操作步骤进行净化、抽空工作。

十、停压缩空气对供取料工艺的影响及处理

(以中核兰州铀浓缩有限公司离心工程供取料厂房为例说明)

1) 供取料厂房干压缩空气主要用于电磁气动阀和气动调节阀的驱动。干压缩空气失压,对关闭的电磁气动阀无影响,打开的电磁气动阀在6 h内可保持50%以上的开度。对气动调节阀,压缩空气压力降低,在阀门开度较大时,会使阀门的开度减小。如完全失压,则调节阀关闭,切断供料线路。

2) 压缩空气压力降低,气动调节阀工作失常,不能维持正常供料,应关闭FBn1Q01电磁气动阀,停止供料。停止供料容器的加热,监视气动调节阀前压力。压力高于100 kPa,可间断打开FBn1Q08电磁气动阀,向1 m^3容器泄放。

3) 立即查明原因,尽快恢复供气。压缩空气压力正常后,恢复供料。

十一、真空系统的冷凝容器破损、蒸发容器冒烟

1) 容器在低温下材料变脆。若遭强烈冲击,可能发生破损。导致运行参数破坏,应尽快处理。

2) 50 L容器及24 L容器在工作时,由于温度较低,使容器连接处材料变脆,如遇强烈撞击,容易破损,造成物料外泄。采用湿毛巾包裹破容器损处,用水或液氮浇在湿毛巾上的方法,制止冒烟,并继续维持容器冷冻,由专业人员来进行处置。

3) 50 L容器及24 L容器在解冻升温后,由于HF气体具有腐蚀性,易造成阀门弹簧箱损坏,有害气体外泄。用湿毛巾包裹容器破容器损处,用水或液氮浇在湿毛巾处的方法,制止冒烟,并继续维持容器冷冻,由专业人员来进行处置。

4) 用于处理破损容器、带有工作介质的纺织物及污染物应分类集中放入专用器皿中进行无害化处置,防止对水源的二次污染。

十二、YDZ-100液氮容器的故障判断及消除

YDZ-100液氮容器的故障判断及消除如表9-2所示。

表9-2　YDZ-100液氮容器的故障判断及消除

序　号	故　障	原　因	措　施
1	升压阀、排空阀、排液阀手柄操作太紧	阀门内有湿气、冰粒	对阀门用电吹风加温,等到排净液氮后再拆开阀门去除湿气、冰粒
2	排液阀、排空阀与阀座连接部位漏气	阀杆与阀体连接部位垫圈或密封材料损坏	更换连接部位的聚四氟乙烯密封圈或螺纹密封材料
3	升压阀关闭但容器内压力仍然缓慢上升	升压阀漏气或没有关严	关紧阀门或更换连接部位的聚四氟乙烯密封圈或螺纹密封材料
4	升压时间长或完全不能升压	(1) 升压管或升压阀结冰; (2) 漏气	(1) 进行融冰除水操作; (2) 更换阀门密封材料
5	虽有内压,但不能排液或排液缓慢	排液管或排液阀结冰	(1) 进行融冰除水操作; (2) 更换阀门密封件

续表

序　号	故　障	原　因	措　施
6	容器内压力已达 0.09 MPa 以上，一次安全阀不起跳	(1) 安全阀结冰； (2) 安全阀动作压力变动	(1) 进行融冰除水操作； (2) 清除密封面异物； (3) 送厂家重调整定压力
7	安全阀起跳后，弹簧不复位，阀门继续排气	(1) 安全阀结冰； (2) 安全阀密封面有异物； (3) 安全阀动作压力变动	(1) 进行融冰除水操作； (2) 清除密封面异物； (3) 送厂家重调整定压力

十三、液氮蒸发器的故障判断及消除

液氮蒸发器的故障判断及消除如表 9-3 所示。

表 9-3　液氮蒸发器的故障判断及消除

序　号	现　象	原　因	措　施
1	内筒压力异常升高	(1) 压力表失灵； (2) 增压阀未关紧； (3) 增压调节阀失灵； (4) 绝热层真空度恶化	(1) 校验或更换压力表； (2) 关紧增压阀； (3) 调节、修理调节阀； (4) 重新抽真空
2	内筒压力低	(1) 压力表失灵； (2) 增压阀未开启； (3) 排液量过多，增压能力不足； (4) 增压调节阀失灵； (5) 容器中液量不足	(1) 校验或更换压力表； (2) 开启增压阀； (3) 减少使用量； (4) 调节、修理调节阀； (5) 补充液氮或更换容器
3	安全阀起跳压力不准确	安全阀调节不正确	拆下安全阀，重新调整起跳压力
4	外筒防爆装置动作	内筒或内管路泄漏至夹层	停止使用，排除液体
5	液面计指示不灵	浮动杆卡死	拆下修复
6	手动阀门泄漏	(1) 手轮处泄漏； (2) 阀座处泄漏	(1) 拧紧密封压紧螺母； (2) 拆下检查、修理